企业环境信息披露
与企业价值研究

王 慧 著

U0253972

北京工业大学出版社

图书在版编目（CIP）数据

企业环境信息披露与企业价值研究 / 王慧著. — 北
京：北京工业大学出版社，2022.1
ISBN 978-7-5639-8261-5

Ⅰ．①企… Ⅱ．①王… Ⅲ．①企业环境管理－信息管
理－研究－中国②企业－价值论－研究 Ⅳ．① X322.2
② F270

中国版本图书馆 CIP 数据核字（2022）第 026810 号

企业环境信息披露与企业价值研究
QIYE HUANJING XINXI PILU YU QIYE JIAZHI YANJIU

著　　者：	王　慧
责任编辑：	李倩倩
封面设计：	知更壹点
出版发行：	北京工业大学出版社
	（北京市朝阳区平乐园 100 号　邮编：100124）
	010-67391722（传真）　bgdcbs@sina.com
经销单位：	全国各地新华书店
承印单位：	唐山市铭诚印刷有限公司
开　　本：	710 毫米 ×1000 毫米　1/16
印　　张：	11.75
字　　数：	235 千字
版　　次：	2023 年 4 月第 1 版
印　　次：	2023 年 4 月第 1 次印刷
标准书号：	ISBN 978-7-5639-8261-5
定　　价：	72.00 元

作 者 简 介

王慧，籍贯为江苏省连云港市，管理学硕士，副教授，江苏财会职业学院会计学院教师。主要研究方向为财务会计、企业社会责任，主持江苏省教改课题一项，主编、参编多部教材。

前　言

随着国内经济和工业化的迅猛发展，环境问题日趋严重，污染问题频发，使得全社会充分认识到了环境污染问题的严重性。在环境污染问题中，最突出的是在企业生产经营过程中产生的水体、大气、土地等污染问题。究其原因，很大程度上是由企业环境信息披露不充分、社会监管不严导致的。对于企业而言，在生产经营活动当中有义务履行包括及时的环境信息披露在内的环境保护职责。与此同时，进行环境信息披露也是企业竞争力提升的重要内容之一，对于企业生产经营方式的改进具有非常重要的现实意义。

全书共七章。第一章为绪论，主要阐述了研究背景与研究意义、相关概念的界定、研究思路与方法、研究内容与研究框架等内容；第二章为理论基础与文献综述，主要阐述了企业环境信息披露相关理论基础、企业价值相关理论基础、企业环境信息披露与企业价值相关文献综述等内容；第三章为企业环境信息披露的动机与影响机制，主要阐述了企业环境信息披露的动机、企业环境信息披露的基本原则、企业环境信息披露的影响因素、企业环境信息披露的经济后果等内容；第四章为国内外企业环境信息披露制度的演进与现状，主要阐述了我国企业环境信息披露制度的历史沿革、我国企业环境信息披露制度的现状、企业环境信息披露制度的国际状况、国外企业环境信息披露制度对我国的启示等内容；第五章为企业环境信息披露与企业价值，主要阐述了环境信息披露的信号作用、环境信息披露与企业价值的相关性、环境信息披露对企业价值的影响等内容；第六章为环境信息披露对企业价值影响的实证分析，主要阐述了描述性统计、相关性分析、回归结果分析、稳定性检验等内容；第七章为企业环境信息披露提升企业价值的对策，主要阐述了政府层面、企业层面、社会层面等内容。

为了确保研究内容的丰富性和多样性，笔者在写作过程中参考了大量理论与研究文献，在此向涉及的专家、学者表示衷心的感谢。

最后，限于笔者水平，本书难免存在一些不足之处，在此恳请同行专家和读者朋友批评指正！

目 录

第一章 绪 论

在工业化进程加速推进的今天，大量不可持续的创造性经营活动给环境带来了巨大的压力，由此产生的生态问题日趋严峻，危及人类的可持续生存。因此，走绿色可持续发展道路，从源头上控制污染、积极实施节能减排和发展循环经济、维持生态的稳定平衡成为人类社会发展的必然趋势。本章分为研究背景与研究意义、相关概念的界定、研究思路与方法、研究内容与研究框架四部分。

第一节 研究背景与研究意义

一、研究背景

欧洲18世纪60年代的工业革命，标志着人类社会近代文明的开端。工业革命带来了社会、经济、科学技术等的巨大发展，使人类第一次有了似乎可以战胜自然的能力。但是，工业革命早期对环境的忽视、对自然的傲慢，加上受技术的限制，使地球自然生态环境遭受了十分严重的破坏。

恩格斯在《自然辩证法》中先知性地提醒人类不要沉迷于征服自然的幻想中，因为人类注定会受到自然无情的惩罚。但是，人类似乎总是后知后觉，狂澜于既倒之时才幡然醒悟。时至今日，全球的气候变暖、土壤荒漠化、森林大规模减少、大气和水污染等环境问题已是十分严重了。遏制这些环境问题的进一步蔓延显然到了刻不容缓的地步。

20世纪70年代，人类开始意识到环境问题的危害。因此，国际社会召开了一系列国际会议来给人类树立环境保护意识，西方发达国家开始探索保护环境与经济协调发展的措施。1972年，联合国召开了全球第一次环境大会，大会通过了《联合国人类环境会议宣言》（简称《人类环境宣言》）和《人类环境行动计划》这两个重要的文件，第一次提出"人类只有一个地球"的口号，表明了国际社会对环境问题的重视。

1987年，世界环境与发展委员会在《我们共同的未来》中首次提出了"可持续发展"的理念。

1992年，"联合国环境与发展会议"又通过了《里约环境与发展宣言》（以下简称《里约宣言》）和《21世纪议程》，这两个文件都以"可持续发展"为核心展望人类的未来。

环境会计出现之后迅速发展，国外对环境会计的研究取得了巨大的成果，为政府的相关机构提供了通过环境保护责任机制规制企业污染排放、促进社会经济可持续发展的重要途径。

企业作为经济活动的基本单位，从自然界中获取原材料并向环境中排放大量的废弃物和污染物，对环境问题有着不可推卸的责任。随着各国政府相关部门出台环境保护法律法规以及社会舆论对环境问题的关心，企业的环境绩效逐渐受到政府环保部门、股东、社会大众等利益相关者的关注。

为应对这些利益相关者，特别是股东和政府环境保护部门对企业环境表现的关切，减少企业和这些利益相关者之间的信息不对称问题，企业环境信息披露被管理层更加重视。由于环保法规逐步完善，企业破坏环境的行为将直接导致一系列税费、罚款等经营风险，并且直接影响投资者对企业形象和管理水平的评判。因此，环境信息成了投资者等利益相关者考察企业信息披露质量的重要参考标准，企业的环境信息披露质量和企业价值的关系越来越密切。

自改革开放以来，我国取得了举世瞩目的经济发展成就。但是，40多年来粗放式的经济增长方式耗用了大量的自然资源，产生了巨大的环境污染问题，我国的自然环境已经难以承受这种发展方式。因此，政府监管部门为促使企业进行自愿性的环境信息披露出台了大量的法律法规，国内外大量的专家、学者和实务工作者也进行了全面深入的研究。但是，企业环境信息的确认、计量和披露依然很不完善。一方面源于外部压力不足，即法律法规对企业环境信息披露的强制性不足；另一方面源于理论界和实务界没有得出统一的环境信息披露标准。

环境信息披露是连接企业与投资者的纽带，起到了缓解企业和投资者之间信息不对称问题的作用，为社会公众监督企业环境行为提供了手段，在资本市场中发挥着越来越重要的作用。而企业管理层在是否进行自愿性的环境信息披露决策时，首先需要考虑的是企业披露的环境信息是否能起到良好的信息传导作用，是否是投资者关注的重要参考因素，能否增加企业价值。因为搜集和处理这些环境信息数据需要一定的成本。探究环境信息披露与企业价值相关性的问题，对构建良好的企业环境信息披露机制和为政府相关部门提供政策建议有着重要意义。

二、研究意义

（一）理论意义

从理论意义的角度来看，环境信息披露研究水平的高低在一定程度上反映了一个国家可持续发展能力的高低，反映了一个国家产业结构是否合理。企业环境信息披露的主要目的就是在可持续发展的大背景下，更好地监督企业在履行社会责任中在环境保护方面应尽的义务，同时更好地揭示企业在经营过程中所反映的环境问题，进一步优化企业的经营模式，为企业的可持续发展提出合理的、有效的建议。环境信息披露的研究将会带来一场新的产业革命。

（二）现实意义

1. 国家宏观现实意义

国内生产总值（Gross Domestic Product, GDP）作为政府对国家经济进行宏观计量与诊断的一项重要指标，是衡量一个国家经济社会是否进步的主要标志。但是，现行 GDP 只反映了经济总量的增长，没有全面反映经济增长对资源环境的影响及可持续发展能力，容易高估经济规模与经济发展，给人展示一种扭曲的经济图像。由此引致从经济社会发展决策到政绩考核的一系列问题。

所谓绿色 GDP，就是把资源和环境损失因素引入国民核算体系中，即在现有的 GDP 中扣除资源的直接经济损失，以及为恢复生态平衡、挽回资源损失而必须支付的经济投资。

简单地讲，就是从现行统计的 GDP 中，扣除由环境污染、自然资源退化、人口数量失控、管理不善等因素引起的经济损失成本，从而得出真实的国民财富总量。绿色 GDP 这个指标实质上代表了国民经济增长的净正效应。绿色 GDP 占总 GDP 的比重越高，表明国民经济增长的正面效应越高，负面效应越低；反之亦然。

建立以绿色 GDP 为核心指标的经济发展模式和国民核算新体系，不仅有利于保护资源和环境，促进资源的可持续利用和经济的可持续发展，而且有利于加快经济增长方式的转变，提高经济效率，从而增加社会福利。同时，采用绿色GDP这一总量指标也有助于更实际地测算一国或地区经济的生产能力。

从20世纪70年代开始，联合国和世界银行等国际组织在绿色GDP的研究和推广方面做了大量工作。自2004年以来，我国也在积极开展绿色GDP核算的研究。2004年，国家统计局、国家环境保护总局正式联合开展了中国环境与经济核算绿色GDP研究工作。2006年9月，国家环境保护总局和国家统计局第一次联合发布《中国绿色国民经济核算研究报告（2004）》，但该报告只计算了一部分环境污染造成的损失，地下水污染、土壤污染等部分都没有涉及，因此并不完整。企业作为微观经济主体，其环境信息的披露将有助于实现绿色GDP价值量的核算，从而准确评价国民经济发展水平，实现经济的可持续发展。

2. 企业微观现实意义

（1）有助于企业树立良好形象

社会公众环境保护意识的增强和政府环境保护法律法规的完善使得企业越来越重视环境绩效、环境形象，如何实现低碳、可持续发展成为企业必须面临的问题。商品市场有关各方也越来越关心产品和劳务在生产、使用过程中的环境影响。例如，随着人们物质生活水平的提高，对于一般消费者而言，绿色消费逐渐成为一种时尚。对于产品和劳务的经销商而言，他们也会关心供应商的产品和劳务是否存在环境污染问题，关心产品和劳务是否具有绿色标志。可以说，一场"绿色运动"正在中国蓬勃兴起，各种冠以绿色的名词层出不穷，如"绿色时装""绿色电脑""绿色物流""绿色建筑"等。社会公众往往青睐那些经济效益好、环境污染防治好、能提供绿色产品的企业，排斥那些环境污染严重的企业。因此，企业要想树立一个良好的形象，必须全面地、不断地对外披露环境信息。

（2）有助于正确核算企业的经营成果

传统信息披露侧重于反映企业的资本状况及经营成果，没有考虑生产对环境造成的损害。因此，财务报告无法全面地、准确地反映企业实施低碳经济的实际情况，从而影响信息披露质量。传统会计信息披露体系的这一缺陷使得一些无法用货币反映却对企业经营具有重要影响的信息得不到披露，这样一来，企业会计信息使用者就无法清楚地了解企业的真实状况，进而可能做出错误的决策。

因此，只有在负债总额中加上环保负债额，才能得出真实可靠的资产负债率，准确分析企业的财务风险；只有将企业对环境影响额的耗费计入收入的减项，才能正确核算企业的经营成果。

（3）有助于衡量企业社会责任履行情况

大多数环境信息披露只是报喜不报忧，主要目的是树立、强化企业在股东、顾客、潜在投资者中的良好形象，而不一定是真正要去履行社会报告责任。在低碳经济下，人们的需求日趋多元化，这就要求企业在追求经济效益的同时，必须关注经济、社会、自然环境的协调发展，承担社会责任。因此，企业要记录和计量环境成本和环境效益，向外界提供企业社会责任履行情况的信息。

三、研究的必要性

（一）环境信息披露是改善严峻生态环境现状的必然要求

自 21 世纪以来，我国经济发展迅速，特别是 2011 年我国超过日本成为全球 GDP 第二高的国家更是彰显了我国经济发展之迅猛。然而经济的快速发展不可避免地会带来环境问题，尤其是近几年我国环境问题日益凸显。在水污染方面，城市黑臭水体、河流污染、湖泊富营养化等问题依然严峻；此外，企业经营过程中产生的工业废弃物、不规范生产造成的油气泄漏等对生态环境也造成了影响。这与我国对自然资源的无偿使用以及污染防治、生态治理的不确认计量、不对外披露是有一定关系的。

因此，企业在报表中对环境信息加以披露是我国改善严峻的生态环境现状的必然要求。这就要求企业在会计核算中把涉及环境资源消耗和环境污染治理的事项加以合理地确认计量，并及时对外披露企业的相关环境信息，做到环境信息公开化与透明化。这一方面能够树立企业良好的社会形象，另一方面能够为政府评价环境政策的实施效果提供参考依据，从而使政府制定更加行之有效的环境保护政策，制定环保产业扶持政策，共同推动环境保护工作的开展。

（二）环境信息披露能够满足外部信息使用者的需求

企业在报表中披露环境信息的目的是为企业外部各信息使用者提供真实、全面的会计信息，以满足他们对企业的了解和做出经济决策的需求。这里的企业外部信息使用者主要包括投资者、债权人、政府管理部门、社会公众以及准则制定者、行业协会和监管机构等在内的其他利益相关者。

投资者最关心的是企业的盈利能力以及未来的发展潜力。随着社会各界对环境保护的日益重视，投资者更乐于投资有环境价值、环境风险小的企业或者项目。此外，近年来，我国政府在环境立法和企业的环境管制方面的管理力度不断加大，使得企业在环境治理和节能减排方面的支出越来越多，这些都对企业的盈利能力和未来发展潜力产生了影响，因此投资者将越来越关注企业的各种环境信息。而债权人更多地关心的是企业的偿债能力，如果企业不重视环境保护，在环境治理方面的支出金额较大，导致企业的利润减少，就会影响企业的偿债能力。另外，近年来，越来越多的银行提出了"绿色信贷政策"，表明债权人也开始关注企业的环境信息，他们不再只单纯地考评企业的各项财务指标，更把环境风险、行业性质等纳入其信贷考评体系。政府管理部门关注企业的环境信息，一方面能够全面了解企业环境保护责任的履行情况，另一方面能够通过这些信息来进一步推动环保立法、各项宏观政策的改进和完善，从而提高环境质量，推动生态环境与经济的和谐发展。

（三）环境信息披露是我国经济深入实施对外开放的要求

在经济全球化的今天，我国与世界各国的贸易发展、经济往来日渐增多，因此我国应当重视环境信息的披露，使企业在制定经营战略的时候把环境因素考虑在内，减少因环境问题而造成的障碍。从吸引外资的角度来看，重视环境信息的披露可以避免企业引进环境污染严重、自然资源消耗过多的项目；从出口的角度来看，国外很多国家都规定进口产品必须符合一定的环保质量要求，并且要求其生产企业披露环境信息，这就使得我国一些企业会遭遇"环境壁垒"。

因此，我国企业应当重视环境事项，及时确认环境成本支出和相关收益，并在报表中加以披露，减少由环境问题造成的贸易壁垒，推动我国经济的健康快速发展。

第二节　相关概念的界定

一、企业价值

（一）效用价值观

效用价值观是传统的劳动经济学的观点。传统的劳动经济学的观点认为，企业价值是一种内在属性，是企业对主体的一种效用产生的外在表现。关于如何衡量企业价值，根据劳动价值论的观点，企业价值是由组成企业的各种物质材料和人力资本的社会必要劳动时间决定的。

（二）市场价值观

根据劳动价值论的观点，在技术条件没有大规模改变之前，由社会必要劳动时间决定的企业价值必然不会有大范围的波动。但是，在当今市场经济风云诡谲的变动下，由股票价值反映的公司价值常常产生巨大的波动，这是劳动价值论难以解释的地方。西方经济学中的供求理论很好地解决了这一问题，供求理论认为，企业价值的变动受外在的供求双方的势力影响。当供求均衡时，企业的价值是市场反应的公允价值。

（三）未来价值观

在经典的财务估价理论中，企业价值是由现金流折现模型决定的，即企业价值为企业的预期现金流量在一定的折现率下折现所得到的现值。随着现代金融理论的发展，衍生金融理论模型又对现金流折现模型进行了有益的补充。衍生金融理论模型考虑了企业未来的机会价值，即企业的价值应当在现金流折现模型中加上企业未来获利机会所带来的现金流折现值。这一理论模型解释了一部分企业虽常年亏损，但因具有良好的发展空间而在资本市场中获得了巨大的企业价值估计的问题。

（四）成本价值观

成本价值观从会计核算的角度出发，认为企业价值是企业所有资产评估值的加总。近年来，环境的逐渐恶化和公众对环境问题的关注，使企业价值已经超出了原先经济价值的范畴。企业越来越被公众和政府部门期望承担一定的社会责任和环境保护责任，企业价值中也开始包含为社会和环境所创造的价值。

根据上述分析可以看出，企业价值的计量方式并不是一成不变的。企业价值是客观存在的，但是它又不是一个绝对不变的恒定值。目前，常用的估价方法包括账面价值评估法、现金流量折现法与期权股价评估法等。由于账面价值评估法以历史成本法为基础，忽视了企业未来的机会价值；现金流量折现法需要估计未来现金流量和选择合适的折现率，具有较强的主观随意性；期权股价评估法需要评估企业未来的机会价值，也具有很强的主观随意性。

二、企业环境信息披露

（一）环境信息

2003 年《国家环境保护总局关于企业环境信息公开的公告》（环发〔2003〕156 号）明确指出企业必须公布的环境信息和自愿披露的环境信息，必须公布的环境信息包含环保战略、环保守法、环境管理、废弃物排放总量、环境污染治理、环境违法行为记录等；自愿披露的环境信息包括环境保护荣誉、资源消耗、污染物的排放强度、下一年度的环保目标等。

2010 年中华人民共和国环境保护部公布的《上市公司环境信息披露指南》中，将环境信息分为应当披露的环境信息和鼓励披露的环境信息两类。应当披露的环境信息包括：节能减排、环保清洁生产实施情况、造成重大影响的环境事件、在建项目的环境影响评价、污染物排放达标情况、"三废"的处理情况，重点监控企业每个季度公布一次环境监测情况、排污费的缴纳情况、企业环境风险管理体系等。鼓励披露的环境信息包括：高管的经营理念、企业环境保护的目标、员工环保培训、环境管理的组织结构和环境技术开发情况，环境奖励的情况等。

（二）信息披露制度

信息披露制度又被称为信息公开制度，是监督管理部门管理公司所在证券市场活动的重要制度。信息披露制度的出台致力于解决证券市场信息不对称问题，维护金融市场稳定，保护投资者合法权益。最早的信息披露制度是英国发布于19 世纪 40 年代的《合股公司法》，我国公司信息披露制度始于 20 世纪 90 年代国务院发布的《股票发行与交易管理暂行条例》。

我国现行的信息披露制度是由《中华人民共和国公司法》（以下简称《公司法》）和《中华人民共和国证券法》（以下简称《证券法》）、中国证券监督管理委员会（以下简称"证监会"）出台的相关部门规章及规范性文件、证券交易所出台的自律性文件等构成的。《公司法》和《证券法》是法律，《上市公司信息披露管理办法》等部门规章由证监会出台，上海证券交易所和深圳证券交易所出台自律性文件，如《上海证券交易所股票上市规则》《上市公司与私募基金合作投资事项信息披露业务指引》《上市公司与专业投资机构合作投资》。

信息披露制度是指公司将财务经营等情况全面地、及时地、准确地予以公开，供市场理性地判断证券投资价值，以维护金融市场稳定，维持社会经济有序发展和维护股东及债权人的合法权益的监管手段和法律制度。

（三）环境信息披露质量

环境信息披露质量是指企业披露的环境信息满足利益相关者等信息使用者需求的程度。一般情况下，企业披露的环境信息的内容越多、越详细，信息使用者对企业的环境风险状况了解越多，环境信息披露质量就越高。但是，信息使用者必须注意信息披露过程中的印象管理行为。

所谓"印象管理"，是指企业通过选择性的信息披露或采取粉饰信息的行为，控制信息使用者对企业的印象。由于环境信息披露的法律法规和行业制度不完善，企业的环境信息披露多属于自愿性披露，这样企业就可以选择性地披露对企业有利的信息，粉饰不利于企业的信息。这就需要信息使用者提高自身对信息的识别能力和判断能力，不能仅从企业环境信息披露的完整性这一个维度考察企业环境信息披露质量。

当前，国内外学者和政府机构关于企业环境信息披露质量的标准还未达成统一意见。美国证券交易委员会（the United States Securities and Exchange Commission, SEC）从三个维度衡量环境信息的披露质量，分别为透明度、可比性和充分性。

（四）企业环境信息披露

企业环境信息披露，又称为企业环境信息公开，是一种全新的管理手段，一般是指负有环境信息披露义务的主体按一定的形式将环境管理、保护、改善、使用等方面的信息公之于众。部分污染类企业为了自身的利益，会刻意隐瞒政府和公众一些信息，而信息不对称不仅会损害公众的利益，更会对环境造成破坏。

对于企业环境信息披露的定义，国外学者把环境信息披露的内容归为：环境法规；环境义务、责任、事故；环境事故的保险赔偿金额；环保策略；环保奖励；环保成本及其构成；节能降耗、废水废气废渣的处理回收；企业生产全过程对环境造成的影响等。1998 年，联合国国际会计和报告标准政府间专家工作组将环境信息披露的内容归纳为四项，分别是环保成本、环境负债、环境负债和成本的计量标准，环境损害赔偿等其他事项。我国学者黄茜认为，环境信息披露是公司向各利益相关者进行环境信息报告的环节，包含环境治理措施以及环保成效、环保投资情况、环境负债和环境成本等环境信息。

根据披露形式的差异，企业环境信息披露会出现在年报、社会责任报告、环境报告、说明书、重大事项公告和新闻媒体等渠道中。根据我国环境信息披露的现状和已有学者对企业环境信息披露概念的界定，提出企业环境信息披露的概念。企业环境信息披露是企业自身根据政府政策要求，适应生态文明建设的时代背景，面向社会公众及媒体等第三方监管机构，在企业年报或社会责任报告中定期强制或自愿披露其生产经营中关于企业环境保护、环境污染排放、环境治理等信息，以及传递企业履行环境保护责任情况的重要方式。同时，企业环境信息披露也是债权人、投资人、社会公众、银行等金融机构了解企业环境风险、生态文明建设的主要渠道。

企业环境信息披露的实施有助于让公众充分地了解、监督和评价企业的污染排放和治理情况及其造成的环境损失情况，使履行环境保护责任较好的企业得到认可，从而树立企业良好的形象，使履行环境保护责任较差的企业被迫区别于履行较好的企业，进而治污减排，做好环境保护方面的工作。

（五）企业环境信息披露质量

对于企业环境信息披露质量，学术界尚未有一个明确的定义。目前，环境信息披露质量的研究主要着眼于对评价原则和指标内容的选择。企业环境信息披露质量与环境信息披露是不同的，环境信息披露是过程，企业环境信息披露质量是对这个过程的评价。企业环境信息披露质量越高，信息使用者越能合理评估企业的环境风险，越了解企业的环境保护工作，从而制定正确的决策。

（六）强制性披露与自愿性披露

自 2002 年《中华人民共和国清洁生产促进法》强制要求被列入污染严重企

业名单中的企业应当公开环境信息以来，中华人民共和国生态环境部（以下简称
"生态环境部"）陆续出台了一系列文件，将环境信息强制性披露的企业范围逐
步扩大到重污染行业公司，将环境信息披露的要求提升为定期披露环境信息、编
制年度环境报告；非重污染行业公司属于自愿性环境信息披露。

根据生态环境部系列文件的规定，重污染行业包括火电业、钢铁业、水泥业、
电解铝业、煤炭业、冶金业、化工业、石化业、建材业、造纸业、酿造业、制药
业、发酵业、纺织业、制革业和采矿业 16 个行业。

结合证监会 2001 年发布的《上市公司行业分类指引》，沈洪涛、冯杰将重
污染行业归纳界定为八类：采掘业、水电煤业、食品饮料业、纺织服装皮毛业、
造纸印刷业、石化塑胶业、金属非金属业、生物医药业。

第三节　研究思路与方法

一、研究思路

首先，本书在文献研究的基础上，以可持续发展理论、利益相关者理论和合
法性理论等为基础，构建了一个对企业环境信息披露合法性动机进行理论分析的
框架。

其次，在这一理论分析框架下，从政治合法性动机、社会合法性动机、经济
合法性动机三个方面选取影响企业环境信息披露的典型因素，对我国企业环境信
息披露的影响因素进行研究，识别并比较了强制性披露与自愿性披露两类企业环
境信息披露动机和影响因素的异同。

最后，根据企业环境信息披露的现状与关键影响因素，从政府、社会、企业
三个层面有针对性地提出提升我国企业环境信息披露质量的政策建议。

二、研究方法

（一）文献分析法

在阅读相关文献的基础上，我们对环境信息披露质量的测度以及环境信息披
露对企业价值的影响有了一定的了解，以此确定了本书的研究内容，期望从现有
研究的不足中找出本书的创新点。

（二）规范研究法

本书在回顾国内外环境信息披露方面文献的基础上，指出现有研究的不足之处，明确了环境信息披露、企业价值和环境信息披露质量的概念，从真实性、可比性、完整性和准确性四个维度构建了衡量环境信息披露质量的指标体系，为之后的实证研究打下基础。

（三）回归分析法

本书为检验环境信息披露与企业价值之间的关系，构建回归数据模型，对其进行数理统计，构建多元线性回归模型来进行研究。

（四）政策评估法

本书运用现代政府管理的一项先进技术手段——双重差分法，对现有企业环境信息披露的相关政策进行效用评估。双重差分法是被广泛使用的一种影响评估方法，可以有效地避免环境政策问题的内生性和遗漏变量等问题，准确识别政策与治理目标之间的因果关系。本书首先梳理出与环境信息披露相关的政策法规，从中挑选最具代表性的政策，然后运用倾向得分匹配双重差分法检验出该政策的"净效应"，评估政策的有效性。

（五）内容分析法

内容分析法是一种以定性研究为基础的客观的、系统的定量研究方法。其目的是将由语言表述的内容转化为由数字表述的形式，将抽象的内容量化，使其可计量。企业环境信息披露的内容是根据公司的年报、社会责任报告中的披露信息统计出来的，而我国重污染行业公司的披露内容多为文字描述性质的，故本书运用内容分析法将企业环境信息披露的内容量化，进行分类、统计。

（六）比较分析法

通过把国外环境信息披露的经验和我国现阶段实际情况进行比较分析，进而提出相应的解决办法和建议。

（七）归纳演绎法

与西方发达国家相比，我国的环境信息披露体系尚不完善，很多理论和做法都处于研究探索阶段。因此在构建我国环境信息披露体系的时候需要在借鉴国外研究的基础上，结合我国的具体国情来加以改进和创新。

第四节 研究内容与研究框架

一、研究内容

本书共由七部分构成，具体如下。

第一部分：绪论。提出本书的研究背景与研究意义、相关概念的界定、研究思路与方法、研究内容与研究框架等。

第二部分：理论基础与文献综述。从企业环境信息披露相关理论基础、企业价值相关理论基础、企业环境信息披露与企业价值相关文献综述三个方面整理、分析了国内外的相关文献，并进行了研究述评。

第三部分：企业环境信息披露的动机与影响机制。主要介绍了企业环境信息披露的动机、企业环境信息披露的基本原则、企业环境信息披露的影响因素、企业环境信息披露的经济后果等内容。

第四部分：国内外企业环境信息披露制度的演进与现状。主要介绍了我国企业环境信息披露制度的历史沿革、我国企业环境信息披露制度的现状、企业环境信息披露制度的国际状况、国外企业环境信息披露制度对我国的启示等内容。

第五部分：企业环境信息披露与企业价值。主要阐述了环境信息披露的信号作用、环境信息披露与企业价值的相关性、环境信息披露对企业价值的影响等内容。

第六部分：环境信息披露对企业价值影响的实证分析。主要阐述了描述性统计、相关性分析、回归结果分析、稳定性检验等内容。

第七部分：企业环境信息披露提升企业价值的对策。分别从政府层面、企业层面以及社会层面展开阐述。

二、研究框架

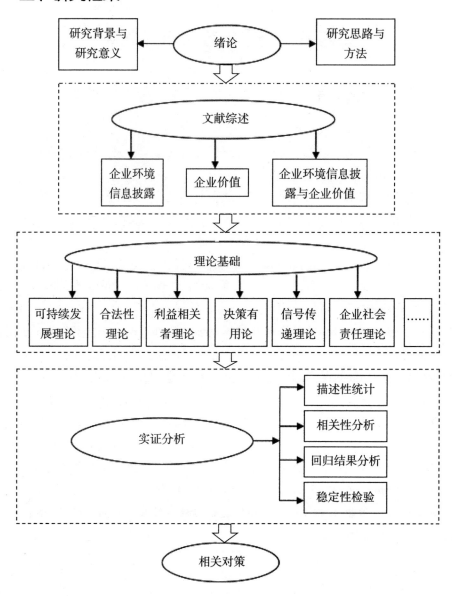

第二章　理论基础与文献综述

环境污染是目前人类遇到的最大挑战，而造成环境污染的主要原因则是企业的工业污染，对企业的环境信息进行披露是当前环境保护的一大法宝。从环境信息披露的动机来看，有强制披露和自愿披露两种。但不论是何种动机，其表象之下都有着深厚的理论基础。本章分为企业环境信息披露相关理论基础、企业价值相关理论基础、企业环境信息披露与企业价值相关文献综述三部分。

第一节　企业环境信息披露相关理论基础

环境信息披露是环境信息体系的一个重要组成部分，主要是指组织通过某种形式，对其在一段时间内发生环境活动以及经济活动对环境的影响等信息，以物质量化或货币化的形式，以环境报告或财务报告等形式来披露环境信息。可持续发展理论、合法性理论、利益相关者理论、决策有用论、信号传递理论、企业社会责任理论、信息不对称理论、委托代理理论、环境权与公共财产理论对企业环境信息披露起着根本性支撑作用。

一、可持续发展理论

（一）可持续发展概念的提出

可持续发展概念的明确提出，最早可以追溯到 1980 年由世界自然保护联盟（International Union for Conservation of Nature， IUCN）、联合国环境规划署（United Nations Environment Programme，UNEP）、世界自然基金会（World Wide Fund for Nature，WWF）共同发表的《世界自然资源保护大纲》，大纲指出："必须研究自然的、社会的、生态的、经济的以及利用自然资源过程中的基本关系，以确保全球的可持续发展。"1981 年，美国莱斯特·R. 布朗出版了《建设一个可持续发展的社会》，提出以控制人口增长、保护资源基础和开发再生能源来实现可持续发展。1987年，联合国世界环境与发展委员会在发表《我们共同的未来》研究报告中第一次提出"可持续发展"概念。1992年在巴西里约热内卢召开的顺应了时代要求和各国人民的愿望，再一次向国际社会敲响了环境危机的警钟，并以可持续发展为目标探索解决世界环境和发展问题的途径。

大会发表的《里约环境与发展宣言》和《21世纪议程》等一系列重要文件和公约，充分体现了当今人类社会可持续发展的新思想，反映了关于环境与发展领域的全球共识和最高级别的政治承诺。从此，人类社会开始走向可持续发展的新阶段。

可持续发展的思想在中国可谓源远流长，早在春秋战国时期，我国就已经出现了朴素的自然保护思想。《论语·述而》主张"子钓而不纲，弋不射宿"。《逸周书·大聚解》记有大禹的话："禹之禁，春三月，山林不登斧，以成草木之长；夏三月，川泽不入网罟，以成鱼鳖之长。"《吕氏春秋·孝行览·义赏》中提道："竭泽而渔，岂不获得？而明年无鱼；焚薮而田，岂不获得？而明年无兽。"齐国宰相管仲，从发展经济、富国强兵的目标出发，十分重视保护山林川泽以及生物资源，反对过度采伐。他认为，"为人君而不能谨守其山林菹泽草莱，不可以立为天下王"。荀子把保护资源和环境作为治国安邦之策，特别注重遵从生态学的季节规律（时令），重视自然资源的持续保存和永续利用。《秦律·田律》清晰地体现了自然保护的思想："春二月，毋敢伐材木山林及雍堤水。不夏月，毋敢夜草为灰，取生荔、麛鷇，毋毒鱼鳖，置阱罔，到七月而纵之。"这是世界上最早的环境法律之一。我国古代哲学向来崇尚"自然的和谐""人和自然的和谐""人与人的和谐""人自我身心的内外和谐"的"普遍和谐"观念。在这种"普遍和谐"观念的指导下，自古以来，东方文明靠的就是敢于向自然环境做有限的索取，把人类维持生活和昌盛所必需的产品更多地留给子孙后代。这些都是我国古代关于可持续发展思想的精华所在。

在1992年联合国环境与发展会议之后不久，我国编制的《中国21世纪人口、资源、环境与发展白皮书》，首次将可持续发展战略纳入我国经济和社会发展的长远规划。1997年，中共十五大把可持续发展战略确定为我国"现代化建设中必须实施"的战略。可持续发展主要包括社会可持续发展、生态可持续发展、经济可持续发展。2002年，中共十六大把"可持续发展能力不断增强"作为全面建设小康社会的目标之一。2007年，中共十七大首次将"科学发展观"写入党章，强调实施"可持续发展战略"，努力实现以人为本、全面协调可持续的科学发展。

2012 年，中共十八大报告指出，必须树立尊重自然、顺应自然、保护自然的生态文明理念，坚持以节约优先、保护优先、自然恢复为主的方针。这一重要论述正确回答了如何看待人与自然、发展与资源环境关系这一长期未能解决好的重大问题。

（二）可持续发展的定义

1. 一般性定义

可持续发展的一般概念，即"可持续发展是在满足当代人需要的同时，不损害后代人满足其自身需要的能力"。可持续发展的核心是协调发展，即基础的、广泛的经济发展，人类不断进步和稳定的人口，良好的生态环境基础以及高效的、节省自然资源的技术进步等各方面协调基础上的经济发展、社会发展。发展是可持续发展的前提；人是可持续发展的中心体；可持续长久的发展才是真正的发展。

可持续发展的目标是实现在人口、环境、资源与经济发展相协调基础上的社会发展，满足全社会日益增长的物质文化生活需求，不断提高人们的生活质量和生活水平，实现全社会的共同富裕。

2. 科学性定义

（1）自然性定义

"持续性"一词首先是由生态学家提出来的，即所谓"生态持续性"，意在说明自然资源及其开发利用程度间的平衡。1991 年 11 月，国际生态学大会（International Congress of Ecology，INTECOL）和国际生物科学联合会（International Union of Biological Sciences，IUBS）联合举行了关于可持续发展问题的专题研讨会。该研讨会的成果发展并深化了可持续发展概念的自然属性，将可持续发展定义为"保护和加强环境系统的生产和更新能力"，其含义为可持续发展是不超越环境系统更新能力的发展。

（2）社会性定义

1991 年，由世界自然保护联盟、联合国环境规划署和世界自然基金会共同发表的《保护地球——可持续生存战略》，将可持续发展定义为"在生存与不超出维持生态系统涵容能力之情况下，提高人类的生活质量"，并提出了人类可持续生存的九条基本原则。

（3）经济性定义

爱德华·B.巴比尔在其著作《经济、自然资源：不足和发展》中，把可持续发展定义为"在保持自然资源的质量及其所提供服务的前提下，使经济发展的净利益增加到最大限度"。皮尔斯认为，可持续发展是今天的使用不应减少未来的实际收入，当发展能够保持当代人的福利增加时，也不会使后代的福利减少。

（4）科技性定义

詹姆斯·古斯塔斯·斯帕思认为："可持续发展就是转向更清洁、更有效的技术——尽可能接近零排放或密封式，工艺方法——尽可能减少能源和其他自然资源的消耗。"

3. 综合性定义

1987年，世界环境与发展委员会发表的《我们共同的未来》的研究报告将可持续发展定义为："能满足当代人的需要，又不对后代人满足其需要的能力构成危害的发展。它包括两个重要概念——需要的概念，尤其是世界各国人们的基本需要，应将此放在特别优先的地位来考虑；限制的概念，技术状况和社会组织对环境满足眼前和将来需要的能力施加的限制。"

1989年，"联合国环境与发展会议"专门为"可持续发展"的定义和战略通过了《关于可持续发展的声明》，认为可持续发展的定义和战略主要包括四个方面的含义：①走向国家和国际平等；②要有一种支援性的国际经济环境；③维护、合理使用并提高自然资源基础；④将对环境的关注和考虑纳入发展计划和政策中。

总之，可持续发展就是建立在社会、经济、人口、资源、环境相互协调和共同发展的基础上的一种发展，其宗旨是既能相对满足当代人的需求，又不会对后代人的发展构成危害。

（三）可持续发展的内容

可持续发展理论的内容分为经济、环境和社会三个方面：①可持续发展要求经济活动以环境承载力为基础，降低资源消耗率，提高资源利用率，减少环境污染，减少经济活动对环境造成的压力；②在可持续发展看来，环境资源具有价值，要求在资源和环境的使用与配置方面体现这种价值，并体现代内公平和代际公平的原则；③可持续发展最终要实现全社会的持续健康发展，使经济得到充分发展，资源和生态环境得到充分保护，社会得以全面进步。

（四）基于可持续发展理论的企业环境保护责任

要坚持以科学发展为主题，以加快转变经济发展方式为主线，强调把以人为本、可持续发展放在一个突出的位置。为实现可持续发展战略，企业必须承担相应的环境保护责任。

1. 降低能耗，高效利用资源

单位 GDP 能耗是反映能源消费水平和节能降耗状况的主要指标，是一次能源供应总量与国内生产总值（GDP）的比率，是一个能源利用效率指标。该指标说明一个国家经济活动中对能源的利用程度，反映经济结构和能源利用效率的变化。单位 GDP 能耗越大，则说明经济发展对能源的依赖程度越高。自 20 世纪 80 年代以来，我国经济发展采用"高投入、高消耗、高污染"的粗放型模式，经济增长主要依靠投资拉动，资源利用效率低。

虽然从 2005 年以来，我国万元 GDP 的能耗一直处于下降趋势，但是和世界其他国家相比，能耗依然偏高。据中国工程院院士、能源部原副部长陆佑楣测算，在能源消耗总量不变的情况下，如果中国单位 GDP 能耗达到世界平均水平，我国 GDP 规模可达到 87 万亿元人民币；达到美国能效水平，GDP 规模达 109 万亿元人民币；达到日本能效水平，GDP 规模为 175 万亿元人民币。

2. 实施环境管理，避免环境污染

企业环境管理是指企业在宏观经济的指导下，对企业生产建设活动的全过程及其对生态环境的影响进行综合调节与控制，使生产与环境协调发展，以求经济效益、社会效益与环境效益的统一。

为实现环境与经济协调、可持续发展，企业必须遵守国家和企业的环境政策，包括环境战略要求、环境管理的总体目标和环境标准等规范，把企业的经济活动和环境意识、环境保护责任联系起来，最大限度地控制或减少污染物的产生，并且对排放的污染物进行达标排放的净化处理，推行清洁生产技术。同时，企业要有效地运用技术、宣传、管理、经济等手段，增强全员的环境意识，健全组织和各种经济责任制，做到全员教育、全程控制、全面管理。

二、合法性理论

合法性理论认为，遵守法律规范、践行社会契约是企业实现可持续经营发展的关键，它可以阐释企业进行信息披露的根本原因。根据合法性理论，企业只有同时满足政府和社会公众的合法性要求，恪守法律法规，调研市场需求，关注节能减排，提高产品质量，才能使企业组织长期稳定地存在。也就是说，企业在运行过程中应符合合法性机制，遵守合法性原则。其中，合法性机制是指企业的经

营发展要符合我国法律法规、制度规范等的要求，这是国家对企业政治上的基本要求。近年来，环境污染案件频发，原本良好的生态环境遭到破坏。在这种情形下，我国政府相关部门也相继出台各种关于环境保护的法律规范，要求企业强制执行，并对实施破坏环境行为的企业进行严厉处罚。例如，为应对当前严重的雾霾等恶劣天气对人们生产生活的影响，更好地保护地球碧水蓝天的生态环境，京津冀等地区对重污染企业的污染物排放标准提出明确要求，违规企业将会面临罚款、暂停营业、吊销营业执照甚至关停等惩罚措施。自 2015 年开始实施的号称史上最严的新环境保护法，对企业环境行为提出了更明确的要求，有效地打击了企业的环境违法行为。

同时，合法性原则也意味着企业的行为规范要符合当前社会主流的核心价值观和普通群众的判断标准、信仰要求，这是企业得以稳定发展的前提。遵守社会契约是合法性理论的又一核心。

当前社会，随着保护环境、绿色发展、美丽中国观念的深入人心，社会公众对重污染企业提出了更高的环保要求，大众也会期待更加环保的产品，企业将要履行更多的社会责任。企业在践行低碳发展、环保生产的同时，有必要进行环境信息披露，以回应媒体和社会大众等在企业环境保护方面的关注，巩固企业的合法性地位，避免环境污染、法律制裁及公众危机等情况的发生。

三、利益相关者理论

（一）利益相关者的提出

"利益相关者"一词最早出现在 20 世纪 60 年代，美国学者用其代表与企业生产经营活动密切相关的全部人员。之后，美国逐渐开始对利益相关者理论进行研究，公司治理实行外部控制模式的英国也开始对其进行研究，并在 20 世纪 70 年代形成一个较为完整的理论框架。

（二）利益相关者的定义

约翰斯·霍普金斯大学教授伊迪丝·彭罗斯在 1959 年出版的《企业成长理论》中提出了"企业是人力资产和人际关系的集合"的观念，从而为利益相关者理论的构建奠定了基石。直到 1963 年，斯坦福大学研究所才明确地提出了利益相关者的定义："利益相关者是这样一些团体，没有其支持，组织就不可能生存。"这个定义在今天看来是不全面的，它只考虑到利益相关者对企业单方面的影响，并且利益相关者的范围仅限于影响企业生存的一小部分。但是，它让人们认识到，除了股东以外，企业周围还存在一些其他影响其生存的群体。自 1963 年美国斯坦福大学的一个研究小组首次定义利益相关者以来，经济学家已经提出了近 30 种定义，归纳起来可以分为以下三类。

第一类是宽泛的定义，即认为凡是能影响企业活动或被企业活动影响的人或团体均为利益相关者，包括股东、债权人、员工、供应商、消费者、政府部门、相关组织或社会团体、公众等。

第二类是稍窄的定义，即认为与企业有直接关系的人或团体才是利益相关者。与第一类相比，将政府部门、相关组织或社会团体、公众排除在外。

第三类是最窄的定义，即认为只有在企业中投入了专用性资产的人或团体才是利益相关者。

其中，以 R. 爱德华·弗里曼的观点最具代表性。1984 年，弗里曼出版了《战略管理：利益相关者方法》一书，明确提出了利益相关者管理理论。利益相关者管理是指企业的经营管理者为综合平衡各个利益相关者的利益要求而进行的管理活动。与传统的股东至上主义相比较，该理论认为任何一个公司的发展都离不开各利益相关者的投入或参与，企业追求的是利益相关者的整体利益，而不仅仅是某些主体的利益。弗里曼的定义极大地丰富了利益相关者的内容，使其更加完善。

在通常情况下，只有与企业有直接联系的利益相关者才会特别关注企业的经营情况，企业也会更加注重这些利益相关者的态度。其他与企业没有直接经济来往的间接利益相关者，虽然对企业的未来发展不能起到决定性的作用，但在涉及环境问题和企业社会责任时，企业与所有的利益相关者都是紧密联系在一起的。而且，随着社会公众环保意识的增强，企业只有将所有相关者的利益放在首要位置，才能够在未来更加长久地发展。反过来说，如果企业只关注投资者、债权人等直接利益相关者的利益，而不关注社会公众、媒体等间接利益相关者的态度，那么这些间接利益相关者很有可能成为企业潜在的危机和风险，为企业未来的发展带来不利影响。

在环境信息披露这一问题上，无论企业是出于自身的社会责任感而进行的自愿披露，还是由于间接利益相关者给予的外部压力而进行的被动披露，其最终目的都是把所有的利益相关者考虑进来，实现一种共赢的局面。

所以，从利益相关者理论来看，企业进行环境信息披露不仅能够使企业管理者明确自身的环境绩效情况，便于企业未来的管理，同时也为国家环保事业做出贡献，为企业自身带来较好的声誉。因此，从这个意义上讲，企业必须积极进行环境信息披露。

利益相关者理论打破了传统的唯股东马首是瞻的企业受托理念，突出了政府、公众、员工、消费者等相关者利益，要求企业管理者应对所有的利益相关者负责，是评价企业环境保护责任及其影响力的理论基础。其为企业承担环境保护责任、披露环境信息提出了具体要求，对企业的可持续发展指明了方向。

四、决策有用论

（一）理论起源

1953 年，G.J. 斯多波斯率先提出了财务会计的目标是决策有用性的观点。20 世纪 70 年代，美国注册会计师协会出资成立的特鲁布拉德委员会在对会计信息使用者进行了大量的实证调查研究后，在 1973 年提出的研究报告中明确提出了十二项财务报表的目标，其基本目标是"提供据以进行经济决策所需的信息"。美国财务会计准则委员会（Financial Accounting Standards Board，FASB）在其发布的第 1 号会计概念公告中正式表达了这一观点。

（二）主要观点

根据美国会计学会发表的《基本会计理论报告》，会计的目标是为"做出关于利用有限资源的决策，包括确定重要的决策领域以及确定目的和目标"而提供有关的信息。1978 年，美国财务会计准则委员会在其《财务会计概念公告》中，对财务报表的目标做出了进一步的阐述：①财务报告应提供对投资者、债权人以及其他使用者做出合理的投资、信贷及类似决策有用的信息；②财务报告应提供有助于投资者、债权人以及其他使用者评估来自销售、偿付到期证券或借款等的实得收入的金额、时间分布和不确定的信息；③财务报告应能提供关于企业的经济资源、对这些经济资源的要求权（企业把资源转移给其他主体的责任及业主权益），以及使资源和对这些资源的要求权发生变动的交易、事项和情况影响的信息。

（三）实质

受托责任论重在向委托者报告受托者的受托管理情况，主要是从企业内部来谈的，而决策有用论是从企业会计信息的外部使用者来谈的。实际上，两者并不矛盾，都属于"会计信息观"，即会计目标在于提供信息。

在受托责任论下，会计目标是向资源委托者提供信息；在决策有用论下，会计目标是向信息使用者提供有用的信息，不但向资源委托者，而且还包括债权人、政府等和企业有密切关系的信息使用者提供对决策有用的信息。同时，两者侧重的角度不同，受托责任论从监督角度考虑，主要是为了监督受托者的受托责任；决策有用论侧重于信号角度，即会计信息能够传递信号，向信息使用者提供对决策有用的信息。两者之间相互联系，相互补充。

决策有用论是适应社会经济发展的产物，较受托责任论有一定的优势，但在使用过程中也存在一些局限。一是"有用"的评价太主观，可操作性较差。会计信息的使用者是多元的，不同的信息使用者对有用性的要求必然不同，即使是同一信息使用者在不同的时期对会计信息的要求也会不同。二是"决策有用"与审计目标不协调。从审计产生的背景来看，审计产生于受托责任，而不是决策有用。如果会计目标定位于"决策有用"，审计就可能达不到目标。

决策有用论强调了企业受益人对公司未来发展做出决策之前，企业应该提供有效信息支持其决策活动。根据决策有用论可知，任何人只有依据完整的、可靠的信息，才能做出科学的、有效的决策。因此，投资人需要通过切实信息来分析企业的水平，从而做出可靠的、正确的决策。

随着社会公众环保意识的不断增强以及环境绩效对企业发展的影响越来越大，信息使用者需要的信息不再只是企业的财务指标，更包括企业的环保情况和社会责任各方面的信息。

投资者需要了解包括企业环境情况在内的所有信息来判断一个企业是否具有长远发展的潜力。对内部管理者而言，环境信息的缺失会严重影响企业长远规划的决策或战略的制定。对政府而言，全面掌握企业的环境会计信息有利于政府及相关部门制定关于环境保护的相关政策，也有利于政府对相关政策的实施进行有效的监督。金融机构也需要企业提供环境信息，以判断企业是否具有潜在的环境风险，为其是否给予融资做出准确的决策。所以，环境信息能够影响利益相关者的决策，企业有责任和义务对其进行披露。

五、信号传递理论

信号传递理论，又称股利信息内涵假说。该理论从放宽资本结构理论的投资者和管理当局拥有相同的信息假设出发，认为管理当局与企业外部投资者之间存在着信息不对称问题，管理当局占有更多有关企业发展前景方面的内部信息。股利是管理当局向外界传递其掌握的内部信息的一种手段。若他们预计公司发展前景良好，未来业绩有大幅度增长，就会通过增加股利的方式将这一信息及时告诉股东和潜在的投资者；反之，他们往往会维持甚至降低现有的股利水平，即向股东和潜在的投资者发出利淡信号。因此，股利能够传递公司未来盈利能力的信息，从而股利对股票价格有一定的影响；当公司股利支付水平上升时，公司的股价会上升；当公司股利支付水平下降时，公司的股价也会下降。

信息经济学指出，信息是在决策中必须依赖的因素。一般来说，相关信息越多，决策的准确性和科学性就越高。由于社会分工和委托代理关系等条件不同，经济主体的信息地位是不平等的，经济主体的经济决策都是在他们所掌握的信息的基础上进行的，这就使经济主体产生了搜集决策信息的需要，而搜集决策信息时要付出成本。信息成本的存在，使每个人拥有信息的愿望和强烈程度不一致，有人愿意多付出成本而多拥有信息，有些人则刚好相反。这就决定了各种信息在不同人群中的分布是不均衡的，出现了信息不对称现象，即在交易过程中交易双方有一方拥有另一方所不知道的信息。这种现象给市场行为和结果带来重大影响，具有信息优势的一方可以利用信息优势"剥削"另一方。因此，信息的不对称性会衍生出两类代理人问题：逆向选择和道德风险。股利信号传递学说主要是研究解决逆向选择问题的学说。

1969 年，法玛、费希尔、詹森和罗尔在《国际经济评论》上合作发表了《股票价格对新信息的调整》一文，通过研究股利分配对股票价格的影响，证明了股利政策具有信号传递效应，从此掀起了信号传递理论的实证研究热潮。1979 年，巴恰塔亚在《贝尔经济学刊》上发表了《不完美信息、股利政策和"一鸟在手"谬误》一文，借鉴了罗斯模型的思想，创建了第一个股利信号模型。从此，西方有关股利信号传递效应的研究大体上沿着两个方向发展：一方面，有的学者跟随法玛，继续从事实证研究，大量的实证结果都表明股利宣告的确为市场提供了信息；另一方面，有的学者沿着巴恰塔亚开辟的道路从事信号模型的构建研究，建立了一系列有关股利与信息信号的模型，如约翰-威廉斯模型、米勒-罗克模型、约翰—朗模型等。

六、企业社会责任理论

（一）企业社会责任的定义

理论界一般认为，欧利文·谢尔顿在 1924 年最早提出了"企业社会责任"的概念。企业社会责任在全球并没有统一的定义，在不同的历史时期，它所代表的含义不尽相同。随着时代的发展，企业社会责任的概念也不断充实、完善。

在 20 世纪 30 年代之前，权威的观点认为，企业的社会责任就是通过管理获取最大利益。这种观点完全确认了企业的经济功能对社会进步的作用，得到企业界的普遍认可和推行。20 世纪 30 年代至 60 年代早期，企业管理者的角色从原来的授权者变成了受权者，其职能也相应地由追求利润扩展为平衡利益。企业从要向所有者负责转变为要向更多的利益相关者负责。在这一阶段，公众成为推动转变的主角。他们要求企业更多地关注员工和顾客的利益与要求，更多地参与改善工作条件和消费环境的工作，为社会的发展发挥更突出的作用。他们不断在公开场合喊出他们对企业的期望。优秀的企业积极响应公众的期望，并且获得公众的支持。

不过，企业社会责任的发展并非一帆风顺，而是始终伴随着反对的声音。20世纪七八十年代，诺贝尔经济学奖得主、新古典主义经济学之父米尔顿·弗里德曼成为反对企业履行社会责任的领军人物。他多次在各种场合论及企业社会责任问题，无一例外地坚持批判的立场。弗里德曼认为，公司只有在追逐更多利润的过程中才会增加整个社会利益，如果公司管理者出于社会责任花公司的钱，实质上就像政府向股东征税一样，就失去了股东选择管理者的理由。自 20 世纪 90 年代以来，随着经济全球化进程的加快，跨国公司遍布世界各地。但是生态环境恶化、自然资源破坏、贫富差距加大等全球化过程中的共同问题引起了世界各国的关注。恶意收购、"血汗工厂"也引起了人们对过分强调股东利益的不满。企业在发展的同时，承担包括尊重人权、保护劳工权益、保护环境等在内的社会责任，已经成为国际社会的普遍期望和要求，关于社会责任的倡议和活动得到了来自全世界的广泛支持和赞同。

1997 年，约翰·埃尔金顿提出了三重底线理论，认为企业要考虑经济、社会和环境三重底线，既要拥有确保企业生存的财务实力，同时也必须关注环境保护和社会公正。之后，三重底线理论逐渐成为理解企业社会责任概念的共同基础。

进入 21 世纪后，企业社会责任呈现出促进力量多元化、责任运动国际化、责任发展标准化的趋势，联合国全球契约组织、世界银行、欧盟、世界经济论坛、世界可持续发展工商理事会、全球商业领袖论坛、社会责任网络、国际雇主组织、国际标准化组织等分别从不同角度对企业社会责任进行了定义。

1. 联合国全球契约组织

联合国全球契约组织认为，企业履行社会责任应遵循"全球契约"十项原则，包括人权、劳工、环境和反腐败四个方面。定义强调了企业社会责任的内容，体现联合国推崇的价值观、关注重点和新千年目标。

2. 世界银行

世界银行认为，企业社会责任是企业与关键利益相关方的关系、价值观、遵纪守法情况以及尊重与人、社区和环境有关的政策及实践的集合，是企业为改善利益相关方的生活质量而贡献于可持续发展的一种承诺。

3. 欧盟

欧盟先后提出过四个企业社会责任定义，应用最为广泛的是于 2001 年提出的，即企业社会责任是指企业在自愿的基础上，把社会和环境的影响整合到企业运营以及与利益相关方的互动过程中。

4. 世界经济论坛

世界经济论坛认为，企业社会责任包括四个方面：一是良好的公司治理和道德标准，主要包括遵守法律、道德准则、商业伦理等；二是对人的责任，主要包括员工安全、平等就业、反对歧视等；三是对环境的责任，主要包括保护环境质量，应对气候变化和保护生物多样性等；四是对社会进步的广义贡献，如参与社会公益事业、服务消除社会贫困等。

定义强调企业社会责任的内容，认为企业在性质上要承担法律、道德和伦理责任，要对员工、环境和社会承担责任。

5. 世界可持续发展工商理事会

企业社会责任是指企业采取合乎道德的行为，在推进经济发展的同时，提高员工及家属、所在社区以及广义社会的生活质量。

6. 全球商业领袖论坛

2003 年，全球商业领袖论坛提出的企业社会责任定义为，企业以伦理价值为基础，开放、透明地运营，尊重员工、社区和自然环境，致力于取得可持续的商业成功。

定义强调了企业社会责任的性质和内容，认为企业社会责任要遵从商业伦理，对员工、社区和环境担负责任，并且认为只有这样，企业的商业成功才可以持续。

7. 社会责任网络

社会责任网络认为，企业社会责任是指企业政策、运营和行为要充分考虑投资者、消费者、员工和环境等相关方的利益。定义强调企业履行社会责任的内容，强调企业不但要对股东负责，而且要对其他利益相关方负责。

8. 国际雇主组织

企业社会责任是企业自愿性的举措，企业有权决定是否在国家法律范围之外做出其他社会贡献。定义强调了企业履行社会责任的性质。

9. 国际标准化组织

国际标准化组织正在积极推进社会责任标准 ISO 26000 的制定工作，目前提出了社会责任的最新定义：组织社会责任，是组织对运营的社会和环境影响采取负责任的行为，即行为要符合社会利益和可持续发展要求，以道德行为为基础，遵守法律和政府间契约并全面融入企业的各项活动中。

综合各方定义，企业社会责任是指企业在创造利润、对股东承担法律责任的同时，还要承担对员工、消费者、社区和环境的责任。企业的社会责任要求企业必须超越把利润作为唯一目标的传统理念，强调要在生产过程中关注人的价值，强调对环境、消费者、社会的贡献。从这一角度来说，企业作为当今经济社会中不可或缺的一员，其经营目的已经上升到谋求自身利益的同时为环境和社会做出贡献。

（二）企业社会责任的内涵与外延

在此，将企业社会责任理解为一种道德意义上的责任，并综合社会学、经济学、管理学和法学的角度来对其进行探索。我们不主张对于企业"应当"和"如何"承担社会责任的外部强制性的约束或规范，而更倾向于倡导企业主动自觉地履行社会责任。因为企业对于社会责任的履行是经济社会发展的客观需要，而不是某个人或某个机构的极力主张所能奏效的。

企业作为"经济人"，为实现经济利益的最大化，需要从社会获取物质资源、人力资源和管理资源并将其运用于生产、经营、管理的全过程；企业作为"社会人"，需要与其所处的环境及与它相联系的其他社会主体（如债权人、消费者、股东、社区等）保持一种良性互动关系，将企业所创造出的财富包括物质财富和精神财富回馈于社会，这一过程就是对于社会责任的承担。

从内涵上看，可以将企业社会责任划分为企业生存意义上的社会责任和企业发展意义上的社会责任。企业生存意义上的社会责任是指企业作为一个普遍意义上的"社会公民"应通过履行怎样的法律义务和遵守怎样的社会公德、职业道德才能在社会上生存、立足。也就是说，企业要遵守现行《中华人民共和国税法》《中华人民共和国产品质量法》《中华人民共和国消费者权益保护法》和《中华人民共和国环境保护法》等相关法律法规以及其他道德规范关于企业基本行为的相关要求。但是，我们更加需要关注的是企业发展意义上的社会责任。也就是说，企业在遵行基本的职业道德、社会公德的基础上，为进一步将自身做大做强，应进一步改良自己与企业内部和外部社会相关主体的互动关系。要想产生或优化这种互动关系，就需要企业针对自己与内外部利益相关者互动关系处理中的不足而对自身的行为方式、经营管理模式等方面主动做出调整，这既是企业内部治理结构的优化，也是企业有效承担社会责任的具体落实之处。

从外延上看，可以将企业社会责任分为企业向外履行的社会责任以及企业向内履行的社会责任。企业向内履行的社会责任包括企业向员工、股东以及管理层履行的社会责任，企业向外履行的社会责任包括企业向消费者、债权人、社区、政府以及环境等利益相关者履行的社会责任。

（三）企业社会责任的发展历程

1. 计划经济体制阶段

在计划经济体制阶段，企业办社会的现象非常突出，企业成了政府的延伸。企业承担了许多本来应该由政府承担的责任，企业主要在行政命令的指导下来执行，企业基本上没有自主权。所以，计划经济体制阶段企业办社会模式的企业社会责任并不是真正意义的企业社会责任，或者说是一种不合理的、错位的企业社会责任。与此同时，很多时候企业又将企业发展的责任放在了政府的身上，使整个社会的经济效益变低，使社会效益难以维系。企业办社会模式尽管看起来是企业承担了很多社会责任，但实际上是企业社会责任的错位。

2. 双轨制阶段

20世纪80年代中后期，我国处于双轨制阶段。在这个阶段，追求经济利益被视为企业的首要甚至唯一责任。许多企业利用这段时期体制上的漏洞，通过寻租、价差等方式谋求经济利益，企业社会责任在很大程度上是缺失的。不少企业的不良行为是对社会责任的逃避和损害，表现为企业为了追求企业利润的最大化而不择手段。一些正常经营的企业反而效益下滑，不少国有企业出现大量职工下岗失业的现象。企业的短期行为比较突出，出现经营过程中的负外部性现象。由于负外部性与信息不对称问题存在，企业行为常常会不自觉地超出自身应有的边界，对社会、员工等利益相关者产生不利的影响。

3. 市场经济体制的确立和发展阶段

20世纪90年代，我国市场经济体制被广泛认同并得以确立，非公有制经济快速发展，国有企业调整改制，股东利益得以强调，企业的基本经济责任逐步明确。与此同时，西方的企业社会责任运动也渐渐进入我国，对国内经济和社会的诸多领域产生了一定的影响。在此期间，国际上兴起了生产守则运动。1991年，美国著名牛仔裤品牌商李维·施特劳斯公司因利用"血汗工厂"生产产品而被曝光后，为挽救公众形象，制定了全球第一份公司生产守则。而我国的劳工问题成为西方国家、国际组织以及跨国公司的攻击对象。一些出口加工企业相继发生侵害员工权益的事件，引起了国际社会的广泛关注。一些组织和跨国公司还针对我国企业制定了专门的工厂守则，并要求我国的出口加工企业遵守这些准则。在这个阶段，我国企业对于企业社会责任仅限于劳工问题等方面的片面认识，处于被动地执行生产守则和国际标准的阶段。

4. 经济全球化竞争阶段

21世纪初至今，我国市场化改革不断深化，特别是在加入WTO（World Trade Organization，世界贸易组织）之后，我国经济不断融入国际经济中，全球500强企业已有三分之二以上在我国设立了企业或机构，很多国内企业开始参与到国际竞争中，中国市场已经是世界市场的一个重要组成部分。企业对社会所起到的作用越来越大，企业的行为对社会环境的影响也越来越深。企业社会责任日益成为企业国际竞争力的一个重要因素。因此，我国部分企业已开始积极重视并践行社会责任。

这一阶段，有关企业社会责任的规范性文件日益增多。2005年12月，由中国企业改革与发展研究会、中国企业社会责任同盟等共同发起，建立了中国企业社会责任论坛，讨论制定了国内第一部综合性的《中国企业社会责任标准》，并发表了《中国企业社会责任北京宣言》。这标志着中国企业社会责任领域第一个规范化的法规和组织机构正式诞生。国务院国有资产监督管理委员会2008年发布了《关于中央企业履行社会责任的指导意见》，把中央企业履行社会责任概括为三个方面：法律规范的自觉遵守、企业价值的充分体现、道德伦理的高尚追求。

2006年1月，《中华人民共和国公司法》修订案正式施行，该法第五条也明确规定了公司必须承担社会责任，社会责任首次作为一个专门的法律术语在我国的立法中得到了确立。修订后的公司法特别强调公司的运作行为不仅关系股东、职工等内部利益关系人的利益，也对市场经济秩序和社会公共利益产生了重要的影响。因此，公司及其股东、董事、监事在追逐公司经济效益最大化的同时，还必须承担一定的社会责任。总则中要求公司必须遵守法律、行政法规，遵守社会公德、商业道德，诚实守信，接受政府和社会公众的监督，承担社会责任。

深圳证券交易所 2006 年发布的《上市公司社会责任指引》中，明确规定上市公司不仅应该将保护股东利益和追求经济效益作为经营目标，更应该积极保护公司职工和债权人的合法权益，对供应商和消费者真诚相待，积极从事社区建设、环境保护等公益事业，使公司自身与全社会保持协调可持续发展。该指引倡导各公司按照规定来建立自身的社会责任制度，并定期地对该制度的执行状况以及存在的漏洞进行检查和完善，形成企业的社会责任报告并对外进行披露。

2008 年第三届中国企业社会责任高峰论坛发布了《中国企业社会责任标准原则》，试图在一个原则框架内为行业和企业制定既可向社会承诺，又能够付诸实践的责任标准。

目前，世界各国都开始积极倡导企业对外发布社会责任报告，尽管不同国家的社会责任报告所包含的内容有很大不同，但是这体现出企业的经营目标正在由追求传统的自身利益转向履行社会责任。传统能源行业的生产经营活动，如煤炭的开采、提取、燃烧等，都会对环境造成某种程度的污染和破坏。能源行业为了维护企业自身的良好形象，减少负面影响，提升企业的价值和自我竞争力，在追逐利益的时候需要对社会履行责任，并将有关环境保护方面的责任履行情况通过报告的形式向利益群体披露，使信息使用者能够更好地了解企业的内部运营过程，使企业持续稳定地发展。

（四）企业社会责任的评价方法

1. 主观赋权法

主观赋权法是一种主观判断的定性方法，包括层次分析法、循环打分法、赋值法和专家评分法等。目前国内大多数学者将层次分析法与专家评分法结合起来使用，以确定企业社会责任评价指标权重。学者牛丽文等基于内部环境、风险评估、控制活动、信息与沟通、内部监督与内部控制五要素，结合河北省国有企业的社会责任履行现状，构建企业社会责任评价指标体系，运用层次分析法、模糊综合评价法对河北省 14 家国有上市企业的社会责任履行状况进行评价并提出改进意见，有助于国有企业管理水平的提升，同时对实现企业、社会的协调发展具有指导意义。学者万冬君等从利益相关者角度出发，构建了包含三个层次的国际工程承包商企业社会责任评价指标体系，采用网络层次分析法并通过 Super Decisions 软件计算得出各指标的权重，为我国国际工程承包商在社会责任的履行方面提供建议。

2. 客观赋权法

客观赋权法是根据原始数据之间的关系，通过一定的数学方法来确定权重，是一种定量的方法，包括熵权法、TOPSIS 法、因子分析法、主成分分析法等。其结果的产生并不依赖人的主观想法，具有较强的科学逻辑性。目前我国学者对客观赋权法的研究起步较晚，还不是很完善。学者孟斌等结合企业社会责任内涵，依据权威机构典型指标高频率原则、定性指标与定量指标相结合原则和信息可获取原则，并利用方差膨胀因子分析、主成分分析方法，最终建立了包含环境、人权、责任治理、公平运营、社区发展 5 个一级准则层，以及 45 个二级指标的交通运输行业企业社会责任评价指标体系，并利用云模型指标赋权法确定指标权重。学者余方平等以 63 家上市的交通运输行业企业为研究对象，构建了包含环境、经济贡献等在内的 7 个准则层，以及 51 个二级指标评价体系，通过集对分析方法对变异系数法、指标难度法以及熵权法三种单一赋权方法进行组合，建立企业社会责任的评价模型。

3. 组合赋权法

组合赋权法是将主观赋权法与客观赋权法相结合的一种综合评价方法。目前我国绝大多数学者采用单一方法，将几个主观赋权法结合或者几个客观赋权法结合以确定企业社会责任评价指标权重。我国常用的研究方法中关于指标的赋权部分仍存在问题，这个问题可以用国外研究中常用的 KLD 评价方法来弥补。KLD评价方法可以避免主观判断带来的误差，从而弥补因子分析法等主观赋权法在指标权重设定时的不足。

七、信息不对称理论

信息不对称理论是由美国经济学家约瑟夫·斯蒂格利茨及乔治·阿克尔洛夫等共同提出的。该理论的观点是，在市场经济活动中，交易各方对相关信息的理解存在一定差异，导致信息交互的双方对同一事件的信息把握度产生偏差，在信息获取方面掌握优势的一方处于相对有利地位；反之，则处于不利地位。通常情况下，卖方必定比买方更易于获取商品翔实而精准的数据信息并加以利用，从而对市场经济产生了负面影响。

信息不对称理论的内涵包括以下四个方面：首先，信息不对称会造成时间和事件内容的不对称；其次，信息内容的可靠性存在偏差，信息发布者的主观影响和传输链接的客观遗漏，会使某些内容失真；再次，由于信息是动态的并且传输机制具有一定的延迟性，因此不能实时更新信息；最后，信息具有时效性，因为它经历了从生成、传输、汇总到公开的整个过程。有必要缩短信息处理和信息使用之间的时间差，信息技术越先进，时间间隔越短；信息发送越及时，就越有利于决策者做出正确的决策。

（一）不完全信息和不对称信息

市场上每一个经济行为者都拥有市场的全部信息，这是传统经济理论的观点，显然这只是一种理想的假定。掌握全部的市场信息意味着经济行为者的抉择是在信息完全透明的环境下做出的，这种环境在现在的市场经济条件下是不可能存在的。人们对现实生活中的所有信息不可能全部掌握，在这种情况下有的经济行为者会故意隐瞒某些信息，目的就是要获取得到这些信息而付出的利益。这直接打破了现实生活中有完全信息存在的可能，反倒使信息不对称的存在变为可能。这种可能使不同的经济行为者接收的市场信息千变万化，导致市场上的信息在经济行为者之间不能有效传递。

信息不对称是不完全信息的一种，主要体现在信息非对称结构上的不完全。信息不对称是指对于市场信息只能由某些参与者获取，而其他参与者不能获取。这种不对称不仅仅是指经济行为者因认知能力而在某些事件、地方、时间上受到限制，也包括要获得信息需要花费的经济成本过高而不能承受导致不能完全掌握信息。以政府投资项目审计为例，在项目审计之前，掌握项目信息较多的一方会利用对方（审计单位）因审计前不了解项目全部信息而对其隐瞒相关信息，有可能导致审计人员在审计判断的过程中"逆向选择"的发生，产生审计风险，最后出现"低质量审计或者审计失败"的结果。

传统经济理论认为，所有者和经营者之间因这种信息不对称的存在而产生了审计，而被审计单位与审计单位之间的信息不对称是影响审计风险的关键因素。因此，研究信息不对称下政府投资项目的审计判断，对审计质量的提高、防止审计失败有着重要的意义。

（二）信息不对称的表现形式

1.获取时间不对称

在信息市场交易当中，占据时间上的优势就相当于占据了获取时间上的优势，信息不对称表现出获取时间上的不对称：早得到信息的一方处于优势地位，晚得到信息的一方处于劣势地位。但是由于信息是瞬息万变的，一直处于不断变化的过程中，获得信息双方的信息占比的优势、劣势也相对地处于变化的过程中。经济行为者均会追求自身利益的最大化，对应的信息不对称程度会展现出从"不对称"到"对称"，再到"不对称"的一个循环的过程。

2. 信息占有量不对称

不同的信息获取者获取信息的渠道不同，获得的信息量也会不同，有的信息获取者获得的信息较多，有的信息获取者获得的信息较少。信息在某一空间、时间上的占有不同，导致获得者在信息占有量上呈现出不对称的情况。在极端条件下，当其中一方占有全部信息时，信息不对称度为1；当双方占有相等的信息时，信息不对称度为0。

3. 成本代价不对称

在经济快速发展的时代，要获得有用的信息就必须支付信息成本，不同的社会群体通过不同成本代价获取不同的信息。在项目审计过程中，无论是审计单位还是被审计单位，都会支付一定的成本获取对自身有用的信息。被审计单位会提前获取一些关于审计单位的资质、业绩等信息，而审计单位会在审计工作进行之前支付一定的费用获取有用的关于被审计单位想要隐瞒的信息，防止因信息不对称而导致的逆向选择的发生；否则，审计失败会给审计单位业务的承揽、业内声誉、资质升级等方面带来影响。一般而言，付出的成本越高，获得的额定信息越多。

4. 处理能力不对称

不同获得信息者获取相应信息后对信息的处理方式（如获取、加工、整理等）存在差异，因处理信息的人处理能力不对称而导致结果不同。社会个体在处理信息时的思维方式、技术水平、所处环境、综合素质各不相同，导致最终出现相异或相反的判断和决策。一般情况下，处理信息的能力越强，信息的不对称度就越小。

总之，当谈及信息不对称理论时，最先想到的是经济上投资者与经营者之间存在信息不对称的情况。在政府投资项目审计工作中，信息不对称是普遍存在的，在审计单位的各个审计人员之间存在信息不对称的情况，审计单位与被审计单位之间也存在信息不对称的情况。信息是审计单位进行审计判断的"工具"。

八、委托代理理论

委托代理理论于20世纪30年代提出。现代公司制度导致了所有权和经营权的分离，所有权和经营权的分离是专业化分工的必然结果。由于现代企业规模扩张，企业所有者无力独立承担企业所有的经营管理活动，所以代理人这一角色应运而生，公司这一新型组织也产生了。所有者和代理人各司其职的专业化分工极大地提高了企业的效率，但是也产生了委托代理问题。

由于委托人（企业所有者）和代理人（企业管理人）代表着不同的利益，委托人和代理人之间无法避免地会产生利益冲突。这时就需要一个机制或者契约来约束双方的行为，以追求双方共同利益的最大化。在委托代理关系中，由于代理人作为企业的实际管理者，对掌握企业的各种信息具有天然的优势，委托人就产生了约束代理人以防止其利用信息优势侵占委托人财产的动机。

委托人一般会采取制定契约的方式约束代理人，而契约的履行会产生成本，即代理成本。代理成本的产生会对代理人的利益产生影响，因此代理人希望尽可能地降低代理成本。降低代理成本的最有效方式是缓解委托人和代理人之间的信息不对称矛盾，因此作为企业管理层的代理人会选择披露高质量的经营管理信息来提高信息的透明度，以此获得委托人的支持。

随着环境问题的日益严重和社会公众对环境问题的关注度的提高，企业的受托责任从经济责任扩大到了环境责任和社会责任。投资者、政府监管部门、社会公众、债权人等利益相关者可以看成企业经济资源和环境资源的委托人，企业作为经济资源和环境资源的代理人，实际使用这些经济资源和环境资源。委托人希望企业在有效利用经济资源的同时也能有效地利用环境资源，做到经济和环境可持续发展。企业披露的高质量信息不仅能缓解委托人与受托人之间的信息不对称问题，而且也会降低自身的环境风险，避免不必要的环境监管费用和环境诉讼费用的支出。

九、环境权与公共财产理论

环境知情权是指社会成员依法享有获取、知悉环境信息的权利，它是知情权在环境保护领域的具体体现，更是公民参与环境保护的前提条件、客观要求和基础。公共财产理论将环境界定为全体公民的公共财产，该理论将空气、阳光、水等环境要素定义为人类的"公共财产"，认为应当由代表全体公民意志的机构来管理，这样才有利于环境这种公共财产品质的提高。因此，环境权与公共财产理论的基本观点是，环境作为公共财产，对所有公民来说都被赋予了不可侵犯的权利。

环境权的研究开始于20世纪60年代。1972年6月5日，"联合国人类环境会议"上发表的《人类环境宣言》宣告："人人都有在良好的环境里享受自由、平等和适当生活条件的基本权利，同时也有为当今和后代保护和改善环境的神圣职责。"1992 年，联合国人类环境与发展大会上发表的《里约宣言》指出："每个人都应享有了解公共机构掌握的环境信息的适当途径，国家应当提供广泛的信息获取渠道。"1998 年的《奥胡斯公约》在《里约宣言》的基础上进一步细化了环境知情权的内容，还要求各缔约国在国内法的框架下，保障公众无须理由就可获得有关的环境信息以及获得司法救助的权利。

有了环境权的理论，企业履行环境保护责任就有了法律基础。企业破坏环境就是侵害公民的环境权，人们就可以对企业的不负责任的行为进行诉讼，以维护自己的环境权。环境权与公共财产理论是公民参与解决环境问题的理论基础，为公民约束企业履行环境保护责任提供了法律基础。

第二节 企业价值相关理论基础

一、劳动价值理论

劳动价值理论认为，基本的生产要素包括劳动、资本和自然资源。其中，最重要的生产要素是劳动，资本和自然资源位于从属地位。英国古典政治经济学之父威廉·配第首先提出劳动是价值的来源这一基本观点。

英国经济学家亚当·斯密进一步将价值的来源分为两种：一种是劳动，另一种是工资、利润和土地租金。英国古典经济学家大卫·李嘉图则认为价值由生产商品的劳动时间决定，其价值量由生产商品所耗费的劳动时间决定。

但是，随着社会经济和科技的发展，价值创造由制造领域向其他领域转移，劳动的含义由体力劳动向脑力劳动拓展。例如，制造工人接近零的企业，其利润却在急剧增加的社会现象，向传统的劳动价值理论提出了新的挑战。企业软实力越来越成为企业能否持续经营的一个重要因素，而环境信息披露作为企业向外界展示企业责任的一个重要窗口，越来越受到关注。

二、资本价值理论

随着社会经济的不断发展，企业价值的影响因素越来越多，劳动在价值创造中的主导地位日益被其他因素取代。由于生产技术不断进步，企业产品技术含量提升，科学技术、机器设备、知识产权、发展模式等有形资本和无形资本在企业价值创造中所起的作用越来越大；知识资本、关系资本、社会资本等人力资本不仅为企业带来巨大回报，并且决定企业价值创造的空间；组织资本有助于降低企业内部的交易成本，提高企业的核心竞争力，提升企业的声誉和市场形象，并给企业带来正面的外部效应，从而增加企业的整体价值。

三、客户价值理论

客户价值不是直接由企业决定的，而是通过客户自身的感知，在满足客户不同的需求（如差异化、价格等）的过程中创造价值的，即企业价值的源泉从企业内部转向企业外部。企业外部市场环境的变化、客户需求的转变，对企业的生产、服务提出了更高要求。客户经济和市场经济的发展，要求企业只有真正认识到客户的需求，并将企业准确定位，占领市场，获得市场份额，才能创造价值。企业价值的最终来源是客户，客户不仅是企业价值来源的积极参加者，并且也是企业价值的评判者，企业只有在满足客户的偏好和需求并得到客户的最终认可时，才具有价值。

第三节　企业环境信息披露与企业价值相关文献综述

一、企业环境信息披露的文献回顾

当前，企业环境信息披露方面的研究大多集中在企业环境信息内涵、环境信息披露动因和环境信息披露影响因素三个方面。当前对于环境信息披露经济后果方面的研究日益引起人们的关注，研究重点集中在环境信息披露的市场反应方面。

（一）企业环境信息披露的内容和方式研究

由于关注点和目的存在着差异，国内外学者和实务工作者以及各国政府和国际组织对环境信息披露的内容各执一说，没有达成统一的意见。

在早期的环境信息披露文献中，国外学者朗等进行了十分有益的探索。他们从实际出发，搜集了大量有关企业环境信息披露的资料，根据这些企业实际披露的环境信息，选择合适的指标，构建了评价企业环境信息披露质量的指标体系。杰瑞·G.克罗热等认为，环境信息披露的内容应包括政府颁布的法律法规、对环境的责任和义务、环境政策和执行、环境事故赔偿、环境认可和奖励、环境财务影响等十个方面。费克拉特等认为，环境信息披露的内容应包括环境会计核算、环境保护责任和环境财务影响。佩丁等则在详细分析企业环境信息披露的情况后，认为环境信息披露至少应当包括政府颁布的法律法规、企业环境风险和污染物治理这三个方面。

各国际组织和政府对环境信息披露内容的规定也有不同。1998年联合国国际会计和报告标准政府间专家组在会议中指出，环境信息披露的内容应当包含以下四个方面：①会计政策信息，主要是企业环境负债和环境成本的会计计量与确认的基础、环境政策的目标等信息；②环境成本信息，主要计量处理企业废弃物和污染物的费用；③环境负债信息，主要披露企业的环境负债类型和规模；④其他环境信息，主要包含企业组织的环境保护行动、由企业环境污染造成的诉讼和赔偿信息以及可能产生的环境损害信息。欧美各国财务会计准则要求企业披露下列环境信息：环境政策、环境成本、环境负债、环境绩效、产生的环境问题等。

日本作为较早在会计准则中规定环境信息披露内容的亚洲国家，要求企业披露环境保护的投入和带来的经济利益。

我国一些学者对环境信息披露内容的研究开始于20世纪末。孟凡利主要考虑环境信息披露对企业财务报表的影响，认为环境信息披露的内容可以包含在财务报表中，并且注重对环境绩效信息的披露。朱学义认为，环境信息披露的内容可以归纳为四个部分，即环境成本、环境价值、环境收益和环境利润；肖维平则在欧美会计准则的基础之上，结合我国企业情形进行了合理修改，认为环境信息披露的内容应当包括环境成本、环境负债和会计政策。耿建新等提出，环境信息披露的内容应当包括企业面临的主要环境问题和对策，重点披露环境收益和环境支出，并对此进行了系统的阐述。乔世震等注重吸收西方的环境信息披露的研究成果，在结合国内企业环境信息披露的实际情况下，补充了几项披露内容，使得环境信息披露的内容更加具体，包括企业环境保护方针政策、环境保护目标、环境管理系统构成、环境足迹的描述、环境事项的非货币化信息和第三方的意见等。袁广达则将这些内容总结为环境核算信息系统信息和环境管理控制系统信息。胡曲应从可计量性出发，认为环境信息披露的内容应当主要是可计量的货币化信息，主要包括环保投入、环保工程、环保政策优惠和环保奖励等。

年报仍然是投资者等利益相关者获取企业信息的主要方式。国外学者格雷、达雷尔和霍兰都以企业年报为对象研究环境信息披露，企业的环境信息分散在年报当中。

随着科学技术的进步，越来越多的企业通过公司网站和网络媒体等新媒体途径披露独立的社会责任报告或环境报告。国外学者卜赫然等分别研究了美国和加拿大于1988年和1994年的企业环境信息披露方式，研究表明，企业越来越倾向于发布独立的环境报告。亚当斯等认为，互联网技术的发展为企业提供了新的环境信息披露方式。

关于应该采取哪种环境信息披露方式，我国理论学者和实务工作者赞同发布独立的环境报告（或社会责任报告）或补充环境报告或两者兼而有之。我国学者孙兴华等认为，应使用补充的环境报告方式披露环境信息，主要包含环境资产负债表、环境利润表和相关附注。王辛平等认为，应当考虑企业类型再选择披露方式，由于重污染行业的环境问题比较严重，这类企业应当披露独立的环境报告，其他类型的企业可以结合资产负债表披露补充报告。刘冬荣等认为，不应拘泥于一种方式，可以结合企业的实际情况，选择在年报中披露补充的环境信息或编制独立的环境报告。李建发等认为，短期内可以披露独立的环境报告，但是当企业会计准则和相关规章制度完善后，还是应该采取补充报告模式。邵毅平等则更加务实，认为现阶段我国的环境会计发展还不完善，企业应当主要关注环境绩效的披露，报告的方式可以是独立的也可以是补充的。陈瑶等主要关注企业年报，指出环境信息主要在董事会报告、内部控制和附注当中。丁红燕完善了补充报告方式。向春华认为未来的环境信息披露方式是独立环境报告和补充环境报告相互补充、相互融合的方向。侯俊涛等采取案例研究的方法，比较了中国石油和日本松下这两家企业的环境信息披露方式，认为我国当前的情形更应鼓励独立环境报告并辅以附注披露的方式。独立环境报告主要包括货币性信息、数量性信息、描述性信息和第三方审验，附注主要披露企业的环境会计政策和方法。

（二）企业环境信息披露动因方面的研究

1. 国外文献综述

国外关于环境信息披露的实证研究主要侧重于企业进行环境信息披露的动因分析方向，其中对于企业规模、企业绩效、行业类型、公司治理结构等动因的研究较多。

（1）企业规模

肯·T. 晁特曼、格雷汉姆·W. 布拉德利在狄克思、科波克研究的基础上，选取了四个变量（企业规模、系统风险、社会约束以及管理层决策）对企业环境信息披露的动因进行了实证检验。检验结果表明，企业规模和环境信息披露程度呈显著正相关关系，即环境信息披露的程度随企业规模的增大而提升。同样地，2001 年，松伟通过对日本 1999 年 872 家上市公司进行调查研究也发现，规模越大的企业环境信息披露质量越高。但是胜彦及埃瑞克经过实证检验后得出了不同的结论，他们认为企业环境信息披露的水平与企业规模之间并无显著相关性。

（2）企业绩效

不同时期的学者关于企业绩效和环境信息披露质量的研究结论存在较大差异。贝克奥伊、鲍曼、约翰·C.安等希望通过实证研究来验证企业进行环境绩效信息披露是否会对资本市场产生影响，他们采用净资产收益率指标来表示企业绩效。研究结果表明，企业绩效与环境信息披露呈显著正相关关系。但英格拉姆、弗雷泽、考恩等则发现环境信息披露质量与企业盈利能力没有关系，甚至有些企业呈负相关关系。

（3）行业类型

1992 年，帕特发现不同行业的公司披露信息内容不同，如果企业所处的行业存在比较大的环境污染风险，企业就会增加正面的信息披露，主要目的是减轻政府的监管压力。霍夫曼、杉木、史蒂芬·布拉默提出，具有较高环境影响力的行业，如钢铁行业、造纸行业、水利行业和化工行业、烟酒行业、生物制药行业等会受到更为严格的管制，因此它们也更会自愿披露较多的环境信息。但是，伊拉文和马斯顿通过对企业的实证研究得出不同的结论，他们认为行业性质与企业自愿性环境信息披露的水平之间没有任何显著相关关系。

（4）公司治理结构

公司治理结构很直观的一个特点就是股权集中度，不同企业股权集中度不同，相应地对外披露环境信息的水平也有所差异。延森通过研究发现，经营者行为与股权集中度之间存在一定的相关性，如果企业股权集中度较低，经营者就有可能自己进行经营决策，从而损害股东的权益，那么经营者自愿进行环境信息披露的程度就越低。但哈斯金斯通过对比研究欧美国家和亚洲国家的股权集中度与信息披露之间的关系给出了另外一种解释。研究表明，企业的信息披露行为受股权集中度的影响，欧美国家股权集中度较低，众多流通股股东信息需求量较大，对公司环境信息披露的质量要求较高，因此欧美国家的企业对外披露环境信息的程度较高。

2. 国内文献综述

近几年，我国一些学者也开始进行环境信息披露的实证研究，主要是对环境信息披露的影响因素，包括企业自身情况、法律监管、社会环境等进行分析。

（1）企业规模

汤亚莉运用事件分析法，分别对 2001 年和 2002 年董事会公告中进行环境信息披露的 60 家公司进行了实证研究。研究结果表明，公司资产规模、公司绩效与环境信息披露之间存在显著正相关关系。

（2）行业性质

王建明以 2006 年沪市 A 股上市公司为研究对象，选取了 727 个研究样本，将公司规模、公司盈利能力、财务杠杆、地区和企业性质作为控制变量进行实证研究。研究结果表明，环境信息披露质量受行业性质的影响，重污染行业的环境信息披露质量较高。

（3）公司治理结构

姜艳、杨美丽以山东省 2009 年和 2010 年 A 股采掘业和制造业公司为样本研究股权集中度、独立董事比例与环境信息披露之间的关系，实证结果表明二者之间不存在显著相关关系。但李宏婧与毕茜通过实证研究得出了不同的结论，该文以 2007 年至 2010 年重污染行业上市公司为样本，研究表明独立董事比例与环境信息披露之间显著正相关。

（4）外部因素

沈洪涛、马杰以 2008 年和 2009 年 A 股重污染行业上市公司为样本，以盈利能力、财务杠杆和股权性质、公司规模、行业等为控制变量进行实证研究。研究结果表明，媒体有关企业环境报道的倾向性以及地方政府的监管力度和上市公司环境信息披露之间存在正相关关系。周守华、陶春华和毕茜、左永彦也得出了相同的结论，他们认为，环境保护法律法规的出台能够推动企业主动进行环境信息披露。

（三）企业环境信息披露后果方面的研究

1. 国外文献综述

企业环境信息披露制度的发展带来的后果主要划分为两类，一类认为制度效果显著促进了经济活动，如改善企业环境绩效、提升企业声誉度、降低融资成本、降低监管成本等。弗罗斯特研究澳大利亚强制环境信息披露政策的实施效果，得出该政策显著提升了企业披露环境信息的数量与质量的结论。艾斯内尔研究美国环境管理制度的变革，发现企业环境绩效得到了明显改善。企业环境信息披露质量的改善也有助于企业环境声誉的提高。还有学者认为通过环境信息披露制度，政府可以更好地保护公众的环境知情权，保障公众参与机制的实施。也就是说，披露减少了利益相关者和高级管理人员之间的信息不对称情况，从而降低了公司操纵环境实践信息的能力。同时，还可以为公司降低潜在的监管成本。关于企业盈余管理方面，美国、中国、印度、日本等国家的数据研究表明，企业承担的社会责任越多，真实盈余管理活动就越少，盈余质量较可靠。另一类则认为制度的发展带来了一些负面影响。科万和葛丹研究澳大利亚公司环境报告，发现并不是所有企业都能严格遵守披露制度，制度效果不显著。

卡尔宁斯和杜威尔分析了美国 26 年的毒物释放发现，整体毒物释放量普遍减少，但在高收入地区更为显著，信息披露引发了环境不公问题。丰塞卡等发现，并非所有行业环境信息披露质量的提高都会降低企业债务成本，如燃气企业、热力发电企业、水电企业的环境信息披露质量的提高会提高企业债务成本。也有学者发现，盈余管理和企业环境信息披露存在正相关关系，操纵利润的银行管理层会增加他们的企业社会责任活动，而且进行高水平环境信息披露的公司往往倾向于虚增盈余，但是盈余平滑和调减盈余的行为比较少。

2. 国内文献综述

国内学者对企业环境信息披露后果的研究多集中于资金成本、盈余管理和企业价值上。在企业环境信息披露质量与企业价值的关系研究中，一部分学者认为，完善的企业环境信息披露制度使得企业在公众中产生良好印象，提升社会形象，使预期现金流量增加，从而提高企业社会价值，提高股票价值；而且高质量的环境信息披露能够缓和环保投入与企业价值之间的 U 型关系。另一部分学者研究得出，政府监管不力，环境保护的法律法规不完善，投资者的环境保护意识不强，导致企业环境信息披露情况对企业价值的影响不明显。此外，还有学者认为，企业环境信息披露质量与企业股价之间没有直接关系，对股价的解释能力较弱。

对企业环境信息披露质量与资金成本的关系研究，其中资金成本包括权益资本成本和融资成本。对企业环境信息披露质量与权益资本成本的关系研究，以重污染行业公司为样本，得出二者之间呈显著负相关关系。学者对能源产业、建筑业、采矿业以及制造业等上市成功的企业研究发现，企业环境信息披露质量和融资成本也显著负相关。同时，还有学者研究得出企业环境信息披露质量和环境绩效之间的正相关关系。

企业环境信息披露质量和企业盈余管理关系的研究结果不相一致，有些学者认为，环境信息披露制度可以起到约束盈余管理的作用。陈玲芳以中国 A 股上市公司数据为样本，发现环境信息披露质量越高，应计盈余管理程度和真实盈余管理程度就越低。姚圣等研究发现，在 2008 年《环境信息公开办法（试行）》实施后，重污染公司的应计盈余管理程度较高，会减少操纵环境信息披露行为。也有学者认为，环境信息披露质量的提升会加深盈余操纵的程度。唐伟和李晓琼研究发现，企业高管会战略性地运用社会责任工具来加深企业盈余操纵的空间，因为社会责任的履行可以掩饰或转移公众对盈余管理的关注。

（四）环境信息披露的价值相关性研究

国外学者对环境信息披露的价值相关性研究相较于国内学者起步较早，得益于国外经济体制、环境法规等各方面因素，产生了大量有见地的研究成果。但是由于研究样本选择的不同，研究的结论也不尽相同。

最早的研究通过环境信息披露的市场反应来考察环境信息披露的价值相关性问题，这也是最主要的研究角度。通过查阅相关文献可知，贝克奥伊最早进行了环境信息披露与市场反应的研究，他的研究为其他学者的研究提供了一种很好的研究视角。贝克奥伊的研究结果显示，投资者比较关注企业披露的环境信息中企业治理环境污染所产生的费用，这些披露治理污染费用公司的股票价格在资本市场中会受到显著的、短暂的正面影响。达斯古普塔等以阿根廷、智利、墨西哥和菲律宾四国的企业为样本，采用事件研究法，考察了这四个国家资本市场对环境事件的反应，研究了在环境事件发生后环境信息披露与企业价值的关系。研究表明，环境事件发生后，只有部分公司披露了相关环境信息，并且资本市场对环境信息披露也没有全部予以反馈。拉尼尔和拉普兰特通过对资本市场连续变化的观察和测度，检验了资本市场对企业环境信息披露的反应。研究发现，具有良好环境绩效的企业和披露了环境信息的企业得到了资本市场良好的反应，并且促使不良环境绩效的企业进行污染的治理。

休斯以被美国《清洁空气法案》（修正案）中界定为高污染行业的电力行业上市公司为例，检验了二氧化硫排放信息披露与股票市价之间的关系。研究发现，高污染企业股票市价只在《清洁空气法案》（修正案）颁布实施的一段时间（1989 年至 1991 年），即预计公司对《清洁空气法案》（修正案）遵从成本最高的几年内下跌严重，而在 1989 年以前和 1991 年以后，二氧化硫的排放信息披露与高污染企业的股价市价没有显著的相关关系。京斯敦等研究企业环境信息披露与企业价值的关系。采用托宾 Q 值和资产收益率衡量企业价值。研究表明，企业环境信息披露显示承担环保责任好的企业，资产收益率并不一定高，但是企业环境信息披露显示承担环保责任差的企业，其资产收益率一定会更低。默里等以 1988 年至 1997 年英国规模最大的 100 家上市公司为研究样本，发现企业环境信息披露状况和股票收益之间没有显著性关系。保罗以日本上市公司为研究对象，采用事件研究法，研究了企业披露 PRTR（pollutants release and transfer register，污染物排放和转移登记制度）信息的市场反应。但是结果显示，相较于美国资本市场，企业披露 PRTR 信息对日本资本市场有负面影响且程度十分微弱。乔治对新兴市场的研究认为，高水平的环境信息披露能够增加投资者对企业的了解，并对企业价值有正面作用。

一些学者从企业主动或被动披露负面的环境信息这个角度研究环境信息披露的价值相关性。谢恩和斯派斯采用企业环境污染控制数据，进行了企业环境污染控制信息与企业价值的实证研究。研究结果表明，这两者呈显著负相关关系，尤其是重污染企业。沃尔特等采用事件研究法，研究了发布负面环境信息的样本公司的市场反应。研究结果发现，这些负面的环境信息确实会对样本公司的股票价格产生不利影响，但是环境信息披露较多的企业比环境信息披露表现差的企业的股票价格明显要好。汉密尔顿等的实证研究也表明，忽视企业的环保责任和环境违法行为会对企业价值产生不利的影响。考密尔的研究表明，在企业发生环境违法行为或负面的环境事件后，主动披露环境信息会降低股票价格的波动性。

另一些学者着重考察了企业环境信息披露的不同内容和方式对企业价值产生的影响。兰开斯特实证研究了 200 多家公司环境信息披露与企业价值的关系。研究发现，环境诉讼赔偿等负面的环境事件和由此产生的预计环境负债与企业价值呈显著负相关关系。查普尔着重对比了低碳排放企业和高碳排放企业的资本市场反应区别。研究结果显示，资本市场更加偏好于低碳排放企业。松村达雄等研究了企业碳排放量信息披露和企业价值的关系。研究表明，企业碳排放量信息披露对企业价值有不利影响，两者呈显著负相关关系。

其中，理查森等最早系统分析和建立了企业社会责任信息披露对企业价值的影响模型。理查森等认为，企业社会责任信息披露主要以市场过程效应、现金流量效应和投资折现率效应三种方式影响企业价值。市场过程效应以信息不对称理论为基础，指出企业社会责任信息披露将减少企业和投资者之间的信息不对称情况，从而减少投资者对企业预期现金流量不确定性的估计，从而极大地提高企业股票的流动性，降低交易成本。现金流量效应是指企业社会责任信息披露能够减少预期的政府监管成本、环境恢复成本、环境赔偿成本和环境诉讼成本等，并由于消费者对环境友好型企业产品的偏好增加企业产品的销售量，最终使企业的净现值最大化。投资折现率效应是指企业社会责任信息披露反映了企业良好的社会责任形象，符合投资者对企业承担社会责任的期望，一定程度上体现了企业良好的管理能力。投资者对于这类企业能够接受较低的投资报酬率。但是，理查森等并未对这三种影响方式进行实证检验。

由于国内环境信息披露的相关法律法规制定得不及时、不完善，国内的环境信息披露价值相关性研究起步也较晚，以规范性研究为主、以上海和深圳证券交易所的上市公司为样本的实证性研究也没有得出统一的结论。

一方面，部分学者认为，环境信息披露与企业价值呈负相关关系或没有相关关系。万军以上海和深圳证券交易所的公司为研究样本，实证检验了环境信息披露与企业价值的关系。由于早期公司披露的环境信息比较少，所以采用了虚拟变量的研究方法，将环境信息作为虚拟变量纳入回归模型中。研究结果没有证明企业的环境信息披露能够增加企业的价值。陈玉清等选取了907家A股上市公司作为研究样本，以这些公司披露的社会责任信息为研究对象。结果表明，企业社会责任信息披露与企业价值相关性不强。纪珊等以2002年至2003年上海证券交易所和深圳证券交易所的石化行业公司为样本，对企业年报数据中环境信息披露部分进行研究，分析了石化行业公司的环境信息披露现状以及环境信息披露的价值相关性。研究结果显示，目前石化行业的整体环境信息披露质量不高，且环境信息披露与企业价值关系不大。胡华夏等采用事件研究法，研究资本市场对环境信息披露事件的反应。研究结果显示，环境信息披露与企业价值不具有相关性。

另一方面，有一些学者认为，环境信息披露与企业价值呈正相关关系。李正以2003年上海证券交易所的521家公司为研究样本，从短期和长期两个角度研究了企业社会责任信息的价值相关性。研究结果显示，短期内由于承担社会责任需要付出较高的成本，所以披露社会责任信息与企业价值显著负相关；长期内由于承担社会责任体现了企业良好的社会责任感，披露社会责任信息不会对企业价值有负面影响。邹立在研究环境信息披露与企业价值相关性时引入博弈论，研究表明，企业准确地、及时地披露高水平的环境信息对降低企业的社会成本有良好的作用，从而对企业价值有显著正面影响。李丹采用事件研究法，以2005年的"松花江污染"事件为背景，选取直接导致这次环境事件的吉林化工公司为样本，研究了环保支出信息披露和特殊行业公司价值之间的关系。研究结果发现，事件近期二者相关性不大。在后期事件曝光后环保支出信息通过媒介传递信息给投资者，管理层反应强烈导致二者相关性密切。向志平等研究了重污染公司环境信息披露的资本市场反应，结果显示，我国股票市场能够对公司正面的环境信息披露做出反应，但是反应速度较慢。张淑惠、唐国平、田雯等也持相同看法。

二、企业价值的文献回顾

近年来，关于企业价值的文献层出不穷。哈斯纳·莎莉等通过调查认为，盈余管理可以提高投资者对被投资企业的估值。宣文武等发现越南公司资本结构与股东价值之间存在负相关关系，表明越南公司的债务融资成本高于收益。李成等探究了董事会内部联结、税收规避对企业价值的影响。张立民等检验持续经营审计意见及公司治理对企业价值的影响。皮埃尔·谢尼奥认为，股票价格在一定程度上反映了公司的预期利润和社会业绩，股权激励管理者根据股东的偏好，努力实现公司利润和社会绩效的共同最大化。沙罗·奥多纳约等利用结构方程模型方法对样本企业数据进行分析，发现行业发展和奖励灵活性是样本企业绩效提升的决定因素。法莱士·马哈茂德·易卜拉欣认为，创造知识价值与企业绩效之间正相关，知识广度起到正向调节作用，建议管理者将创造有价值的、广泛的和灵活的知识作为经营目标之一。爱丽斯·波波维奇等认为大数据分析可以改变企业管理方式，提高企业绩效。还有学者通过对马来西亚上市公司相关数据进行实证分析，发现 ESG（Environment，环境；Social，社会；Government，治理）因素的个体和组合因素与企业价值之间不存在显著的相关关系。李合龙、吴国鼎等认为机构投资者持股对企业价值具有正向影响。基姆·奥兹特克·丹尼斯曼等研究发现，土耳其样本企业风险管理策略没有提高企业价值。胡旭信等通过自然实验法发现，与其他一般资源相比，现金能更好地补充公司的资源存量，从而产生更大的绩效。亚瑟·西尼帕等通过实证分析发现，以净贸易周期为代表的营运资本与企业价值之间存在显著的负相关关系。莫娜·莫塔兹等研究发现，非管理型股东和管理型股东对上市公司价值影响的方式不同。杰森·K.迪恩等认为，信息安全管理项目投资有利于提升企业创造价值的能力。文森特·西尔、达哈娜·阿鲁姆甘·马拉尔等研究了信息技术投资对企业组织长期商业价值的影响，发现新闻报道可能会影响公司的市场价值，它会让投资者更好地了解公司当前和未来的运营战略情况。玛雅·阿斯拉纳吉奇·卡拉奇克等通过实证分析发现，供应商积极的营销责任有助于塑造客户的价值观念。而帕克·J.沃罗夫等通过对样本企业研究发现，公益营销作为一种传达其对企业社会责任承诺的手段，会降低股东价值。与实物捐赠的公司相比，只进行货币捐赠的公司损失最为严重。

关于企业价值的影响因素，一直是国内外学者讨论的热点。

一是企业社会责任与企业价值。艾伦·格列高利等从预期盈利能力、长期增长和资本成本三个方面研究了企业社会责任对企业价值的影响，金敏中等调查发现，餐饮业企业社会责任对股东价值具有正向影响。马瑞特诺·哈乔托等基于利益相关者理论，通过企业社会责任对风险承担的影响发现，企业承担社会责任对企业价值具有正向的间接影响。克里斯托弗·格罗宁等根据信号理论考察了投资者对企业社会责任和企业社会责任缺失活动当天新闻报道的反应情况，从而对企业价值产生影响。崔华静等采用盈余反应系数模型，研究了韩国企业社会责任活动对企业价值的影响。研究发现，如果企业出于战略目的长期从事企业社会责任活动，企业价值更有可能增加。伊卡海亚尼·努斯瓦纳德里等以企业社会责任为调节变量，考察流动性和盈利能力对企业价值的影响。布斯皮塔萨里等探讨了投资者情绪在企业社会责任与企业价值关系中的调节作用。穆罕默德·阿克拉姆等研究发现，企业社会责任与企业价值之间的关系受财务比率调节作用的影响。张海燕等从股权特征角度探究企业社会责任对企业价值的正向影响。

二是女性董事与企业价值。安琪·奥巴杜尔等认为，董事会女性成员比例与企业价值之间呈显著正相关关系。而玛利亚等发现抗压型女性董事与公司绩效之间呈倒 U 型关系。顾晓安等发现，女性财务总监会降低处于成长期企业的企业价值，但会提升处于成熟期企业的企业价值。

三是公司治理与企业价值。本穆罕默德等讨论了公司治理如何影响运输公司的价值。霍夫曼、俞雪莲等发现所有权集中度和企业价值之间呈倒 U 型关系。米歇尔认为，市场价值与公司治理水平之间的关系会因公司治理指数采用的方法不同而有所不同，因此建议应同时至少使用两种衡量方法以得出稳健的结果。伊曼·索菲亚等以印度尼西亚上市非金融公司为样本，探讨发现以独立董事比例为代表的公司治理机制对盈余管理与企业价值之间的关系具有负向且显著的调节作用。

四是智力资本与企业价值。哈坦等观察了智力资本（人力资本、结构资本、关系资本）信息披露对企业价值的影响。木乃伊·哈亚提等、马宁等研究发现，智力资本能够显著提升企业的内在价值。孙晶认为，技术资本对创新型企业价值的提升效果更明显。贾瑞乾等认为，创新度高的发明专利对企业价值的影响更显著。

三、企业环境信息披露与企业价值的文献回顾

环境信息披露对企业价值的影响成为国内外学者研究的又一热点，目前国内外学者尚未达成一致结论。当前的研究成果可以分成三类：环境信息披露对企业价值的正向影响、环境信息披露对企业价值的负向影响、环境信息披露对企业价值无影响。同时，学者也开始探究不同调节变量作用下环境信息披露对企业价值的影响。

（一）环境信息披露对企业价值的正向影响

国外学者贝尔卡维最先开始研究环境信息披露的市场反应，他发现，企业披露环保开支，股价会明显短暂上升，即进行环境信息披露能够提升企业价值。帕特丽夏·克里弗等认为，企业的非财务业绩披露将会影响企业的价值和投资者的投资决策。投资者对不良的非财务信息披露更加敏感，环境信息披露正向影响股权融资。克里斯蒂安娜等认为，应按照国际综合报告理事会的主张，将综合报告作为满足投资者需求的全球企业报告准则。目前只有在南非，综合报告是强制性的。他们通过研究发现，企业的环境信息披露质量越高，治理绩效水平越高，信息披露的影响就越大。诺哈西玛医学博士认为，环境会计是公司治理的要素之一，企业开展环境会计有助于实现可持续发展。研究发现，马来西亚环境披露制度的存在与企业财务业绩之间存在着复杂的关系。企业要想使自己在社会中的地位合法化，就必须进行环境信息披露。阿里·艾哈迈迪等以法国公司为样本，研究发现，环境披露与环境绩效正相关。高质量的环境信息披露反映了公司治理的有效性。研究还发现，与其他行业相比，医疗保健行业和油气行业的企业环境信息披露情况更完善。乐迪·奥卡·维拉尼亚等通过对在印度尼西亚证券交易所上市的非金融类公司进行实证分析发现，环境信息披露对股权成本有显著的正向影响。

此外，研究还发现，不同性质和类型的环境信息披露对股权成本有着不同的影响。软性环境信息披露与积极型环境信息披露对股权成本具有更积极的影响。张淑惠等认为，提高环境信息披露程度能够使企业预期现金流量增加，从而提升企业价值。李朝芳通过分析、演绎和推理的研究方法，探究企业在内外部制度环境下积极环境行为的价值增值效应。周竹梅等通过实证研究发现，环境信息披露数量、质量以及环境效率与企业价值显著正相关，且环境信息披露质量与企业价值的正相关系数最大。李秀玉、杜子平等发现碳信息披露质量正向影响企业财务

绩效，且这种影响具有时间滞后效应。杨园华等认为这种时间滞后效应会逐渐增强，而戴悦等认为这种时间滞后效应会逐渐减弱。

（二）环境信息披露对企业价值的负向影响

黛西·安吉莉亚等通过对在印度尼西亚证券交易所上市的公司进行实证分析发现，环境绩效对企业净资产收益率和总资产收益率都有显著影响。马琳·普拉姆利等从预期未来现金流量和权益成本两方面重新审视了企业自愿进行环境披露质量与企业价值之间的关系。同时，也将企业进行环境信息披露的情况分成软披露、硬披露和积极披露、中性披露、消极披露等不同情况。不同性质和类型的环境信息披露传递信息的效率不同，产生的结果略有差异。大卫·穆图阿·马苏瓦通过进行面板数据回归分析发现，肯尼亚储蓄及信用合作社的环境信息公开水平与财务业绩之间存在负相关关系。这种负相关关系可能是因为研究对象所受监管环境的改变。同时，也说明了肯尼亚储蓄及信用合作社同承担社会责任相比，更以财务利润为经营目标。戴维认为，环境绩效影响财务绩效，企业社会责任披露影响财务绩效，温室气体排放的披露会负向影响财务绩效。常凯等发现，公司的环保实践活动虽然降低了企业的市场价值，但提高了公司的无形资产价值。随后，常凯发现，环境信息披露质量与企业市场价值负相关，而与无形资产市场价值显著正相关，且呈周期性差异。李强等研究以竞争为动机的环境信息披露对企业价值的影响。这种机会主义行为会降低企业价值。高建来等研究发现，企业进行环境信息披露会加重企业负担，负向影响企业价值。

（三）环境信息披露对企业价值无影响

马斯德尼亚探讨了环境保护责任披露对投资者行为的影响。研究发现，印度尼西亚上市公司的环境保护责任披露对投资者行为的影响不显著。吕峻等通过实证研究发现，环境信息披露与财务绩效之间无显著相关关系。王仲兵等通过实证发现，碳信息披露程度与企业价值的相关性并不显著。任力等发现，环境信息披露对企业价值无资金成本效应，且预期现金流量效应也很小，而且相比于软披露信息，硬披露信息影响更显著。

（四）不同调节变量作用下环境信息披露对企业价值的影响

爱资哈尔·马克西姆等以企业社会责任披露为调节变量，研究环境绩效和智力资本对企业财务绩效的影响。研究发现，环境绩效与智力资本同时对企业财务绩效有显著影响，企业社会责任披露不能调节环境绩效和智力资本对企业财务绩效的影响。马约特·隆戈尼等研究发现企业进行环境信息披露，可以改善企业声誉和财务业绩。在包容性环境披露对企业价值的正向影响中，绿色供应链管理实践起到正向调节作用。代文等以机构投资者为调节变量，探究环境信息披露对企业价值的影响。研究发现，环境信息披露正向影响企业价值，机构投资者起到负向调节作用。蒋倩、赵家正等以政府监管为调节变量，探究环境信息披露对企业价值的影响。研究发现，环境信息披露正向影响企业价值，政府监管起到正向调节作用。云嘉敏以制度压力为调节变量，探究环境信息披露对企业价值的影响。研究发现，环境信息披露正向影响企业价值，制度压力起到正向调节作用。

　　纵观研究成果可以发现，现有的研究主要针对企业价值的影响因素、环境信息披露的影响因素和经济后果展开。研究方法比较集中，采用最多的是实证分析的方法。研究环境信息披露的影响因素时，将环境信息披露作为因变量；研究环境信息披露的经济后果时，将环境信息披露作为自变量。有的研究成果利用行业性质或者企业性质划分样本，探究环境信息披露的影响因素或者环境信息披露的经济后果，但目前尚未得到统一的结论。有的研究成果将环境信息披露程度进一步划分，探究不同性质和类型的环境信息披露产生的经济后果。而有的研究成果将企业价值进一步划分，探究不同渠道下环境信息披露对企业价值的影响。此外，还有的研究成果将经济后果指标跨期处理，考虑环境信息披露对企业价值影响的滞后效应。现有的研究成果也开始考虑其他变量的调节作用，探究不同调节变量作用下环境信息披露对企业价值的影响，有的研究也会对调节变量进行进一步的划分。

第三章 企业环境信息披露的动机与影响机制

本章分为企业环境信息披露的动机、企业环境信息披露的基本原则、企业环境信息披露的影响因素、企业环境信息披露的经济后果四部分。

第一节 企业环境信息披露的动机

一、企业环境信息披露的利益相关主体

（一）企业外部利益主体

1. 投资者

在所有权和经营权分离的情况下，企业投资者一般不参与企业的经营管理，因此需要将企业对外披露的环境信息作为决策依据。例如，资源耗用与资源节约对成本和利润的影响；污染物排放达标或超标情况，环境税支付、发生突发环境事件造成的经济损失或受到重大环保处罚、环境管理风险等可能给企业财务带来的影响。

2. 债权人

债权人是指将资金借给企业的人。债权人十分关注自身的债权能否到期实现，需要根据企业的偿债能力做出自己的经营决策。企业的长期偿债能力与盈利能力密切相关，而资源耗用、环境税赋等成本费用是企业收益的直接抵减项目。企业的环境政策以及产品的环保安全则可能影响企业的市场占有率和销售收入。因此，环境信息是债权人决策的重要依据。

3. 各级政府

基于城镇土地的国家所有制和自然资源的国家所有制，我国资源与环境的宏

观调控权力掌握在各级政府手中。资源和环境的管理被纳入公共产品的管理类型中，各级政府采用输出公众服务与制定政策，对资源和环境配置进行宏观调控。宏观调控需要了解资源与环境情况，需要企业及时有效地将环境信息传达给政府，因此，政府针对企业出台了相关约束性的法律法规。

4. 社会公众

随着公众环保意识的增强，以及重大污染事件的曝光，公众对企业履行环境保护责任的关注度提高。公众不仅是企业产品的消费者，在一定程度上影响企业的产品销量，还可以通过网络等媒体给企业施加压力，促使企业公开资源利用信息和环境信息。

（二）企业内部利益主体

1. 企业管理层

作为投资者的代理人，企业管理层受托于经营企业。随着资源与环境约束的日益严峻，环境信息已经成为企业经营决策的重要依据。首先，资源尤其是能源价格日渐上涨，减少单位产品的资源消耗、节约能源成为企业经营的重要组成部分；其次，减少污染排放，既是国家政策也是政府强制企业完成的任务，企业管理层必须遵守相关法规，完成国家下达的减排指标；最后，随着个人、公司与社会公众节能环保意识的不断增强，公司能否按照要求履行环境保护责任，不仅将受到消费者、社会公众，甚至媒体的广泛关注，更影响到企业的市场竞争能力和长期发展。

2. 企业员工

企业员工就业的主要目的是获取在职薪酬和退休福利。员工的薪酬福利和企业的经营息息相关。节约原材料和能源能够节约产品成本，减少污染排放和规避环境风险则可以减少环境税费、罚款或赔偿，由此增加的利润可以提高员工薪酬；能否遵守环境法规、自觉履行环境保护责任，事关企业能否持续经营，直接影响员工能否稳定就业。因此，员工对环境保护责任信息的披露十分关注。

3. 企业内部审计机构

企业内部审计机构的责任是检查和评价内部各单位履行企业经济责任的情况，加强企业对内管控，发现企业经营薄弱环节并提出改进建议，从而提高企业经济效益和市场竞争力。在国际组织和发达国家提倡企业环境保护责任信息实行第三方审计的情况下，企业内部审计机构也开始承担环境信息审计任务。一方面，内部审计机构审计企业履行环境保护责任是否合规，即监督管控企业环境保护责任政策法规的执行情况，监管评估企业环境保护责任政策的执行结果。另一方面，企业内部审计机构在企业履行环境保护责任绩效方面也负有审计职责，绩效审计的目的是提高企业履行环境保护责任的效益。

（三）特殊利益主体

1.环境规制制定和监管机构

2005 年，国务院出台了《国务院关于落实科学发展观加强环境保护的决定》，环境保护被置于富有战略意义的重要位置，要求健全社会监督机制，企业要公开环境保护责任信息，履行环境保护社会责任，强化社会对企业环境保护责任的监督。中华人民共和国环境保护部（以下简称"环境保护部"）被授权制定国家环境质量标准，制定国家污染物排放标准，建立监测制度，制定监测规范，对环境监测进行管理。政府对环境的监管离不开对企业环境情况的了解，因此，2010 年，环境保护部发布《上市公司环境信息披露指南》（征求意见稿），明令上海证券交易所和深圳证券交易所 A 股市场的上市公司披露企业环境保护责任信息。

2.中国证券监督管理委员会

中国证监会多次在《公开发行证券的公司信息披露内容与格式准则》中要求上市公司应当阐述所投资项目在环境保护方面的风险，要求股票发行人按时提供投资项目中严格符合环境保护要求的证明材料。重污染行业企业在公开发行证券时除需要提交上述文件外，还需要提供其符合国家环境保护部门规定的证明文件。

3.自律机构

自律机构如中国钢铁工业协会、中国石油和化学工业联合会等行业协会专门开辟"环境保护""节能减排"板块，对石化、钢铁等行业的能源消耗与节约、污染排放和减排情况进行统计分析，并上报给政府主管部门。钢铁工业协会制定中国钢铁工业清洁生产环境友好企业审定与奖助办法，褒奖清洁生产环境友好企业，对不能完成节能减排指标的企业提出通报，实行行业自律。

二、从不同角度分析企业环境信息披露的动机

（一）合法性角度

合法性概念强调企业与其所处环境特别是制度环境的关系。国外学者帕森将

组织合法性界定为组织的价值体系与其所处社会制度的一致性。斯科特认为，制度环境由规制、规范和文化认知共同构成。合法性有两个流派，一个流派认为，外部制度环境中公众的一般信念体系会对企业的生存与发展产生压力，强调的是外部合法性压力；另一个流派认为，合法性是一种能够帮助企业获得其他资源的重要资源，强调的是合法性管理。美国经济学家林德布鲁姆详细阐述了企业进行合法性管理可以采取的四种战略：一是设法教育和告知相关公众有关企业表现和行为的改变；二是设法改变相关公众的认识，而不是改变企业的实际行为；三是故意将公众视线从其关注的问题引向其他相关方面；四是试图改变外部公众对企业表现的期望。由此可见，四种合法性管理战略的实现都需要借助信息披露与公众进行沟通，信息披露是企业合法性管理的重要手段。

在实证研究方面，肖华、张国清等发现环境事故发生后，肇事公司及同行业公司普遍增加了环境信息披露，这种事后补救式的信息披露显然具有合法性管理的动机。帕克认为，良好的事前信息披露是公司对即将发生的合法性压力做出的提早反应。德根等提出，合法性管理就是一种披露。

在国内研究方面，冯杰、沈洪涛从媒体舆论监督和地方政府监管的视角研究了重污染行业上市公司环境信息披露的合法性管理动机。研究发现，媒体对企业环境表现报道的数量和倾向性与企业环境信息披露质量呈显著正相关关系，受到媒体负面报道较多从而产生较大舆论监督压力的公司披露了更多的环境信息，说明企业环境信息披露存在合法性管理动机。沈洪涛、苏亮德研究发现，在我国当前环境信息披露制度产生合法性压力同时又缺乏具体可操作性披露规范的前提下，企业环境信息披露存在模仿行为，模仿对象是市场平均披露质量而不是市场领先者，从而佐证了企业环境信息披露的合法性管理动机。

（二）经济性角度

颉茂华、王晶、刘艳霞比较了我国企业环境管理信息披露规范与《可持续发展报告指南》。研究认为，我国企业环境信息披露规范大多是部门规章制度，偏重于强制性信息披露，强调企业环境信息披露的合法性动机；而《可持续发展报告指南》强调，企业或组织机构自愿发布可持续发展报告，突出环境信息披露的经济性动机与社会性动机。这里的经济性动机是基于自愿披露环境管理信息的企业可以在融资、税收减免、投资、资本成本等方面获得经济利益而提出的。

沈洪涛、游家兴、刘江宏基于我国再融资环保核查政策的制度背景进行研究。研究发现，环境信息披露能显著降低权益资本成本，并且这种关系在有融资需求的公司中非常明显，而在无融资需求的公司中不显著，说明企业环境信息披露具有融资、降低权益资本成本等经济性动机。

（三）社会性角度

颉茂华、王晶、刘艳霞认为，随着环保意识的增强，利益相关者对企业环境信息披露的需求也日益增长，企业必然增加环境信息披露作为对利益相关者环境信息需求的回应。这就构成了企业环境信息披露的社会性动机。沈洪涛基于政治社会学的合法性理论，研究了媒体舆论监督压力下企业环境信息披露的合法性管理动机。因为媒体舆论监督体现的是社会监督，因此合法性管理动机也被称为社会性动机。

（四）政治性角度

现有研究并没有明确提出企业环境信息披露具有政治性动机，而是主要研究了政治关联、政治成本与企业环境信息披露的关系。德根、兰金研究发现澳大利亚公司披露环保信息与政治成本相关，同时还有改善公司形象的动机，公司在被美国国家环境保护局起诉后会披露更充分的环保信息。有学者研究了公司政治关联、环境业绩、环境信息披露三者之间的关系，通过样本选择区分了环境业绩良好、一般、低下的公司，以有政治背景董事比例为公司政治关联的替代变量进行研究。研究发现，政治关联与环境业绩显著正相关，政治关联与环境信息披露显著负相关。笔者对研究结论的解释是，由于现阶段地方政府通常给予企业优惠政策、政府补助等扶持，环境业绩好的公司可以通过高政治关联争取更多利益。而政治关联通常被认为是公司应对外部公共压力的替代形式，高政治关联公司为避免引起公众关注，往往仅披露较少的环境信息。我国学者陈华、王海燕、梁慧萍以董事会成员是否现在或曾在政府部门任职、担任各级人大代表或政协委员为政治关联的代理变量进行研究。研究发现，重污染行业上市公司环境信息披露质量与政治关联显著负相关，有政治关联的公司环境信息披露质量较低。

（五）信息需求角度

1. 环境受托责任论

企业的所有者将企业的经营权让渡给企业的经营管理者而保留对企业的所有权，这就导致了企业经营权与所有权的分离。企业管理层作为受托人，根据委托代理契约对投资者（委托人）负有约定的经济受托责任。企业的经营管理者有责任和义务按契约的规定完成任务，合理利用资源，降低成本。作为社会经济体中的一员，为了社会的可持续发展，企业必须担当起保护环境的责任。管理层要提高环保意识，节约资源，及时淘汰落后产能，并及时向社会及公众报告企业的环境情况，决不能因环境资源成本无法计量或者成本低而肆意浪费。可见，企业环境信息的披露与企业的治理结构等因素密切相关。

2. 决策有用论

不同的信息使用者对企业披露的环境信息的需求不同，因此环境信息所起到的作用也就不同。对于投资者来说，企业披露准确的环境信息有利于投资者判断该企业投资风险的高低，做出正确的投资决策；对于政府部门来说，有效的环境信息有助于政府部门评价企业环保工作并采取相应的对策；金融机构为了降低风险，会了解上市公司的环境及财务状况，以衡量企业的持续经营是否受到环境活动的威胁。随着生活水平的提高，绿色消费者的队伍日渐壮大，他们需要获得企业的环境信息来确保自己用上环保的、健康的产品；企业客户也因此提出了新的环保要求，他们需要挑选环境行为活动积极并有详细信息披露的供应商进行合作，以求长足发展；而企业所在地居民目前已成为对企业环境信息最为关注的群体，他们非常关心企业的排放物是否会对其健康产生影响。可见，环境信息对不同的人有不同的作用。多方位的社会需求促使企业披露环境信息。

（六）信息供给角度

1. 外部压力论

近年来，随着环境问题的日益严重，人们对环境的关注度提高。这使得企业面临严重的外部压力，一方面来自社会公众的间接压力，另一方面来自政府相关部门的直接压力。

社会公众对重污染行业已经不像过去那样听之任之，人们为了自身的健康，会联合起来与污染企业做斗争，如拒绝购买企业产品，或者联合起来向相关部门投诉等。这些行为无形中给污染企业带来了外部压力。环保及相关政府部门为了社会的健康发展及长治久安，会制定有关环境污染的指标，企业污染物的排放量若超过该指标，将受到罚款、责令停产等相关处罚。政府采取的措施往往是强制性的，因此给企业带来的压力是最直接的。污染物超标排放的企业在相当长一段时间内将受到社会公众、媒体及政府的共同监督，且监督者对企业环境信息披露的要求也会提高。所以企业为了减少环境污染带来的外部压力，会采取措施保护生态环境，节能减排，减少环境污染，并自愿披露环境信息，以向社会表明其履行社会责任的态度。

2. 内部动力论

虽然有的国家已经对环境信息披露做出了明确的规定，但就目前来看，企业披露环境信息大多依赖的是企业的自觉性。主动披露环境信息会给企业带来一系列正效应。首先，披露环境信息是建立良好社会关系、吸引社会公众的一种手段，因此企业自愿披露环境信息，以向社会表明其履行社会责任的积极态度。其次，环境信息披露可能会影响股市股票的价格。当媒体报道企业因环境污染可能面临诉讼，为企业带来高额的或有负债，威胁到企业的持续经营时，公司股价可能因此而急剧下跌。企业会采取应急措施，减少环境污染，并主动披露环境信息，证明自己在挽救环境污染方面所做的努力。同时告诉社会公众，环境污染问题基本解决，不会影响到企业的持续经营，目的是希望公司股价逐渐回升。最后，环境信息披露有助于企业确立其在行业中的竞争优势。由于环保投入力度大，环境绩效高的公司能够获得投资者及利益相关者的更高评估，从而获得更高回报。因此，为区别于环境绩效低的公司，很多企业主动披露环境信息，以消除因信息受阻而引起的负外部效应，即信息不对称引起的逆向选择问题，从而确立其在行业中的竞争优势。

根据上述环境信息披露的动因分析，我们可以看出，环境受托责任论倾向于强调企业披露环境信息的责任与义务，企业的责任与义务需要公司治理层切实履行。因此，环境信息披露与企业控股股东的性质、治理结构等因素密切相关。决策有用论强调企业披露的环境信息必须满足信息使用者的需求，所以环境信息的披露与企业的盈利能力、偿债能力等因素有关，并受外部压力的影响。另外，环境信息的披露与企业是否属于国家划定的重污染行业，公众是否经常接触其产品，公司的环境绩效及经营绩效有关。

（七）证券发育角度

证券市场的发达程度与市场监管力度对上市公司自愿披露质量有着显著影响。吉格勒和亨默的研究结论显示，强制披露制度的完善与相应的市场监管对自愿信息披露有正反两方面作用：第一，减少自愿信息披露。若强制披露的内容很多，更多的自愿信息披露将会使披露成本迅速增加，这些成本包括信息成本、发布成本、诉讼风险和失去竞争优势等。同时，强制披露具有替代效应，经理人员进行自愿披露的动力下降。第二，在强制披露信息质量不高、市场监管不力的情况下，经理人会将自愿披露的信息发出"信号"给资本市场，以期获得适意的反应。在这种情况下，自愿性信息披露的呈增加趋势。但格勒和亨默对自愿性信息披露与强制性信息披露关系进行检验，发现两者只是表现为互补性与负相关性。斯托克对自愿披露信息的可信度进行了研究，研究结论显示，随着强制披露信息质量的提高，自愿披露信息的质量也提高了。如果时间足够长，惩罚措施足够有效，强制披露的信息质量足够高以至于能够作为自愿披露信息的评价标准，那么公司经理人将自愿披露真实信息。希利和帕利普总结了自愿性信息披露的实证类文献，把影响公司自愿性信息披露的因素分为六大类，分别是资本市场交易动机、公司控制权争夺动机、股票报酬计划动机、诉讼成本动机、管理者才能信号传递动机和产品市场竞争劣势成本动机。

（八）企业声誉角度

鲍曼和海尔以 5 年的平均净资产收益率为指标衡量公司财务业绩与自愿信息披露的关系，发现两者呈显著正相关关系；普勒斯顿的实证研究则以横截面数据为对象，报告了本期净资产收益率与公司自愿信息披露质量之间的正相关关系。然而，考恩却发现，如果考虑到前期财务业绩对当前财务业绩的影响，本期财务业绩与公司自愿性信息披露质量之间的正相关关系变得不太显著。斯金纳以1981—1990 年纳斯达克上市公司为样本，实证检验表明，自愿性信息披露能够提高公司财务信息的完整性及可靠性。他对在阿姆斯特丹证券交易所于 1945—1983 年上市的公司年报信息的自愿性披露部分进行了实证检验。他发现，公司自愿信息披露质量与某个财务业绩"门槛"密切相关。最初的时候，公司自愿信息披露质量随着财务业绩的上升而上升，当逼近"门槛"时自愿信息披露质量会下降。业绩"门槛"由投资者的业绩预期决定。这意味着，公司自愿信息披露质量实际上由投资者预期决定。他用前期净资产收益率的方差来近似测度业绩"门槛"，发现其与自愿信息披露质量负相关。然而，如果公司当前或可预见的未来有配股或其他筹资行为，上述关系将变得不显著，这说明投资者"预期"将会对公司自愿信息披露质量与财务业绩之间的关系产生影响。米其林等从实证的角度研究了企业声誉、技术秘密、企业文化等战略因素，与建立竞争优势及获取超额利润之间的关系。结果表明，这些无形的战略因素对股东权益具有显著影响。罗伯特等基于《财富》杂志对 1984—1998 年美国最受尊敬企业的调研数据进行分析，发现具有良好质量声誉的企业往往可以持续获取超额利润。保尔森和斯罗尼克研究了当内部和外部的影响因素随时间变化时，企业声誉和产品质量的关系。保尔森和斯罗尼克指出，企业提高产品质量的成本与效益分析，主要是基于竞争对手的质量和价格，以及企业本身所拥有的市场声誉。由于消费者处于不同的环境，对企业的产品不可能有完全的了解，因此企业的声誉就成了表现产品质量的有力信号。查尔默斯和戈弗雷从会计学的角度探讨了声誉成本的问题，同时对从会计学角度研究声誉成本与管理层激励约束的关系提出建议。

（九）公司成长角度

管理与行为学理论认为，主动披露是企业发展战略的一个重要组成部分，其目标是向投资者传达公司的核心竞争力，与投资者进行沟通，让投资者了解公司目前的或潜在的竞争优势，进而对公司的经营管理和发展前景产生更大的信心，并做出投资决定。

核心竞争力信息的自愿披露不仅不会削弱竞争优势，反而会强化竞争优势，形成一种"强者越强，弱者淘汰"的冲力效应。自愿信息披露作为公司整体战略的一部分，也会受到组织内部行为因素（所有权结构、历史传统和公司文化）及外部环境因素（市场竞争状态和行业行为标准）的双重影响。针对公司和外部投资者的信息不对称的情况，上市公司通过对竞争环境的披露，显示公司的竞争力。

谭劲松、熊传武认为，企业核心竞争力信息应包括企业的社会背景信息、产业、市场和技术信息，营销能力和渠道信息，制造能力、反应能力和组织协调能力等方面的信息以及核心部分信息。姚刚选取了五类指标，即规模竞争力、市场开拓竞争力、管理竞争力、学习与创新竞争力以及政策与环境竞争力。汤湘希提出应在会计报表外披露与企业核心竞争力有关的企业所处的社会环境、企业的技术能力、营销能力、制造能力、反应能力和组织协调能力等信息。侯雪绮、傅毓维设计了六个维度：战略管理能力评价指标、价值识别和分析能力评价指标、价值实现能力评价指标、风险管理能力评价指标、创新管理能力指标及组织整合能力评价指标；宋献中认为，应主要通过对企业市场资产、人力资产、知识产权资产、基础结构资产四类非有形资产信息的披露来实现对企业核心竞争力信息的披露。

（十）行业发展角度

由于行业之间具有差异性，不同行业公司之间的核心能力有很大的区别，进而导致自愿性披露的信息有很大区别。高科技、高成长公司自愿披露人力资本信息，已经成为业界通行的实践；而传统公司较少自愿披露能为公司带来巨大价值的人力资本信息，其原因在于：第一，传统的会计准则将雇员看作招致费用的支付对象，而不是有价值的资产；第二，证券监管部门并没有将人力资本列为强制披露的信息；第三，公司出于保护竞争优势的考虑，不愿意主动披露人力资本信息。在实证研究方面，汤普森、奥尔森和迪特布里希研究了自愿性信息披露与不同产业间的关系。研究发现，汽车业、通信服务业、航空业及相关行业的自愿性信息披露频率较高。米克、罗伯特和格雷指出，非财务信息披露程度受行业差异的影响（石化业及采矿业的跨国公司信息披露较多）；财务信息披露程度将受到产业差异的影响。王建玲、张天西采用非参数检验方法，讨论公司类型、发行股票类型等因素对年报及时性的影响，其结果肯定了上述因素对我国上市公司年报时滞的显著影响。

三、企业环境信息披露的目标

企业环境信息披露的总体目标是企业报告有用的环境信息，包括以下两个方面：一是强制向上市企业承担保护环境的社会责任，要求披露公司环境的责任信息，使得企业的投资者、债权人、社会公众等利益相关者了解企业环境治理、环境投资、资源耗用等情况；二是激励和引导非上市公司自愿披露公司环境的责任信息。环境保护责任信息不仅包含正面的信息，还包含负面的信息，规定制度主要是为了使得公司的环境信息披露行为规范起来，使得公司的环境信息能够真实反映我国企业资源消耗和污染排放的情况，为了利益有关的个人、集体或政府在环境和资源搭配决策时提供强有力的信息辅助。

企业环境信息披露的具体目标包括提高环境信息质量、促进企业披露负面环境信息、有助于改善企业环境绩效和有助于各级政府和社会公众监督企业环境信息披露行为。

第二节　企业环境信息披露的基本原则

一、合法性原则

企业环境信息披露的合法性原则亦称为合规性原则、规范性原则，是指企业的环境信息披露必须符合我国有关环境保护的法律法规，披露的内容、方式和途径必须合法、规范。

二、成本效益原则

企业作为一个营利性的经济组织，进行核算和信息披露的目的在于使企业成本最小化，使经济价值最大化。企业进行环境信息披露的目标是在兼顾环境保护责任的同时，实现企业价值的最大化。当企业进行环境信息披露的成本高于其效益时，就违背了其披露目标。因此，企业披露环境信息应该依据成本效益原则。

三、定量分析结合定性分析原则

环境会计操作性较强，定量分析应占主导地位。然而，由于环境问题具有复杂性，有些环境信息无法量化，因此环境信息披露采用定性与定量相结合的原则。既有以货币单位表示的货币信息以及以实物单位或其他单位表示的非货币信息，也有以文字说明的记叙性信息，作为对货币信息和非货币信息的重要补充，全面反映企业的环境信息。因此，披露环境信息要考虑现阶段的科技水平，尽量采用货币计量或实物计量的方式进行定量分析，同时结合定性分析加以说明，以全面披露环境信息。

四、自愿性与强制性并存原则

针对目前我国强制性规定尚未完善的情况，一方面，鼓励企业自愿披露，通过自愿披露更好地协调企业与各方的关系，帮助企业树立良好的形象，在资本市场和商品市场赢得竞争力，同时为进一步规范奠定基础；另一方面，加强外部监管，对于一些重污染且环保观念薄弱的企业，政府管理机构要督促和定期检查，披露环境信息。与此同时，企业所披露的信息接受第三方的审核和验证，可以有效弥补自愿披露信息不可比、披露随意性强的缺陷，有利于企业降低信息披露成本，维护公平竞争，极大地提高了信息的有效性。

因此，企业环境信息披露需要依据其污染程度划分，进行自愿性或者强制性对外公布。本身环保性极强、污染程度较小的企业，如风能、太阳能等企业就可以选择自愿披露环境信息的形式。然而，石油、煤炭、天然气、电力等传统能源行业对环境造成的污染较大，则应采取强制性披露环境信息的形式。

五、重要性原则

在国内，大中型企业是上市公司的主体部分，其中大多数是我国最重要的基础性行业。我们应先从主要矛盾抓起，对上市公司的环境信息披露实施重点管理，使企业公布环境信息状况。例如，在化工、矿业和石油业等行业中进行重点管理。对生态环境有重大影响的企业要全面、充分地披露环境信息，并作为重点检查对象。企业对生态环境有重大影响的业务活动或事项及其影响，要充分地、详细地披露，其他企业业务活动和事项及其影响则可以采用简化的披露模式。

六、一致性原则

目前的环境问题已经非常严峻，解决环境问题刻不容缓。作为社会主体，企业、政府和社会团体，不管其对环境污染的影响是否严重，都应该一致对待，不能偏袒其中任何一个，只有这样才能正确地评估环境信息。

七、继承、借鉴与创新原则

传统会计学中有很多经典的理论和方法，不能摒弃一切，要取其精华，从中继承一些有用的方法，还要从环境和经济等相关学科中学习一些好的理论，可以借鉴国外的理论方法。环境信息披露不能因循守旧，只有不断突破、不断创新，才能更好地满足社会发展的需求。

八、持续披露原则

持续披露原则包括两层含义：一是企业要遵循环境保护的法律法规，定期、持续披露相关的企业环境信息；二是企业选择的披露模式要有助于企业高效地实现披露目标。只有遵循持续披露原则，企业才能实现可持续性披露。

第三节　企业环境信息披露的影响因素

在企业环境信息披露研究领域，影响因素研究是国内外学者最为关注也是研究成果最多的领域。各位学者研究视角各不相同，本节主要从企业内外两个层面展开探究。

一、影响企业环境信息披露的内部因素

（一）公司治理层面

在公司治理与环境信息披露研究方面，加尔扎通过实证研究发现，机构投资者会促进企业环境信息的披露。沙德维茨等以芬兰公司的中期报告为研究对象，发现机构投资者持股比例、控股股东持股比例均与环境信息披露质量负相关。科米尔和戈登通过研究发现，国有控股电力公司较私有电力公司会披露更多的环境信息，从而得出结论：企业的所有权性质会影响企业的环境信息披露质量。马克通过实证研究发现，国家持股比例越高，其环境信息披露质量也越高，第一大股东持股比例与环境信息披露质量之间的关系不明显。莫克等研究发现，管理层持股高度集中时，环境信息披露质量较低。科米尔和马格纳尼以法国企业为研究样本发现，股权集中度与年报环境信息披露质量负相关。卡尔明等的研究表明，外资股权集中度与环境信息披露质量之间存在负相关关系。布雷默和帕夫林发现，股权分散的企业更可能进行自愿性环境信息披露。在董事会结构与环境信息披露研究方面，莱夫特维克等研究发现，独立董事的人数越多，独立董事在董事会中所占的比例越大，企业环境信息披露质量也越高。西蒙等通过实证研究发现，设立审计委员会的企业环境信息披露质量更高。弗尔克等研究发现，董事长和总经理两职合一不利于企业环境信息披露质量的提高。

总结前人的文献发现，公司治理中的股权结构、董事会结构、监事会结构以及管理层能力等因素与企业环境信息披露相关。

1. 股权结构

在控股股东性质及持股比例方面，孙烨、孙立阳、廉洁等发现国有控股的上市公司环境信息披露质量高于非国有控股公司；陈小林、罗飞、袁德利发现国有控股比例与环保信息披露质量显著正相关。

在股权集中度方面，杨熠、李余晓璐、沈洪涛发现第一大股东持股比例与环境信息披露正相关；黄玥、周春娜发现控股股东持股比例、股权制衡度（第二至第五大股东持股比例之和控股股东持股比例）与环境信息披露质量显著正相关；王霞、徐晓东、王宸发现前五大股东持股比例的平方和与环境信息披露质量正相关，舒岳、郭秀珍的研究也有类似结论。

在高管持股方面，蒋麟风发现高管持股比例与环境信息披露质量负相关；黄琊、周春娜发现高管持股比例与环境信息披露质量显著正相关；舒岳发现两者无显著相关关系。

此外，阳静、张彦发现流通股比例与环境信息披露质量正相关；李晚金、匡小兰、龚光明发现法人持股比例与环境信息披露质量负相关；舒岳发现机构持股比例与环境信息披露质量无显著相关关系。

2. 董事会结构

在独立董事方面，阳静、张彦、陈小林等发现独立董事比例与环境信息披露质量存在正相关关系；恩格、马克发现两者存在负相关关系；李晚金、匡小兰、龚光明、胡立新、王田、肖田等发现两者不存在显著相关关系。

董事长与总经理两职合一，一方面，舒岳、张猛发现两职合一与公司环境信息披露质量之间存在显著负相关关系；李晚金、匡小兰、龚光明未发现两者存在显著相关关系。

此外，陈小林、罗飞、袁德利研究发现，董事会会议频率与环保信息披露质量正相关。

3. 监事会结构

杨熠、李余晓璐、沈洪涛等研究发现，监事会规模与环境信息披露质量相关系数为正，但未通过显著性检验。刘莉莉研究发现，职工监事人数与环境信息披露质量相关系数为正，但未通过显著性检验。

总之，对于公司治理因素与环境信息披露的关系，现有研究还没有形成统一的认识，研究结论不尽一致。

4. 管理层能力

企业环境信息披露是指企业披露其生产经营中过程与生态环境相关的信息。国家环境保护总局于2007年公布的《环境信息公开办法（试行）》明确指出："企业应当按照自愿公开与强制性公开相结合的原则，及时地、准确地公开企业环境信息。"然而现有研究表明，我国目前环境信息披露以自愿性披露为主，以强制性披露为辅，并且企业在环境信息的表述方面拥有极大的酌定权。基于企业的自由裁量权，国内外对企业环境信息披露影响因素的研究主要从企业的内部因素和外部因素两个方面进行。内部因素相关研究主要包括：特罗特曼和布兰得利通过实证研究发现，公司规模越大，企业环境信息披露质量越高；汤亚莉等研究表明，公司绩效与企业环境信息披露质量正相关；毕茜等通过实证得出，财务杠杆、盈利能力均与企业环境信息披露质量呈正相关关系；李志斌研究指出内部控制能显著提高企业环境信息披露质量；张国清通过实证表明，高管的性别、年龄、任期、教育水平均与企业环境信息披露质量具有相关性。外部因素相关研究主要包括：肖华和张国清通过研究重大环境事故发现，企业环境信息披露具有战略性，并且企业会利用信息披露获得外部合法性；阿兹和科米尔通过实证研究得出，舆论监督会促进环境信息披露质量的提高；沈洪涛和冯杰进一步研究发现，地方政府监管能显著提高企业环境信息披露质量并增强舆论监督的作用；毕茜等研究表明，环境制度压力与环境信息披露质量显著正相关。

高层管理团队是企业运营的核心力量，掌控企业战略决策，对企业环境信息进行记录和披露是其职责所在。自高阶梯队理论提出以来，大量文献侧重于管理层人口背景特征与企业战略选择和组织绩效的相关性研究。随着经济环境的日趋复杂，新古典经济学的"理性经济人"假设已经不适用于当代研究，行为经济学进而将个体异质行为纳入经济学分析体系，基于"理性经济人"提出"异质行为人"假设，提供了更切合实际的逻辑起点。

现实中管理层是具有有限理性的异质行为人，受经济活动各种因素的干扰和自身能力的限制，存在短视、羊群效应等认知偏差，影响企业环境信息披露的相关决策。复杂的管理决策需要一定的管理能力支撑，行为主体的动机和偏好会对决策产生重要影响。因此，本书将管理层能力定义为管理层基于异质性动机选择，运用企业既定资源创造产出的效率，即管理层能力包含动机与能力两个维度。

一方面，从声誉理论和信号传递理论的角度出发，管理者通过向外界展示良好的经营业绩和企业形象，传递其优秀的管理能力，从而提高在经济市场中的竞争力并获得竞争性薪酬。塔德雷斯通过研究表明，管理者的能力越高，越重视自身声誉。学者吴育辉等研究得出，管理层能力与企业信用评级显著正相关，并且企业的信息披露质量会影响评级机构对管理层能力的判断。因此，动机层面体现为管理层为了提高自身声誉，提升企业形象等，进而提供更高质量的企业环境信息。

另一方面，从高阶梯队理论角度出发，管理层通过自身专业胜任能力实现动机选择的结果。海耶斯和谢弗通过实证指出，管理才能会显著影响股东的财富，具备管理才能的高层管理者的离职会导致原来公司股票价格下跌。姜付秀等通过研究表明，高层管理者的受教育程度、工作经验等背景特征直接表现为管理能力的差异，进而影响企业的投资效率和经营绩效。许江波等研究指出，除了管理层动机选择的问题外，缺陷发现能力的不足也是导致我国目前内部控制缺陷披露较低的主要因素之一。许宁宁通过实证研究得出，管理层的能力越强，越能够识别企业已经存在的内部控制缺陷，并运用自身管理能力提升内部控制质量。

因此，能力层面体现为管理层丰富的专业知识、管理经验以及对公司业务的精通，使得他们能更高效地解决企业存在的问题，并做出合理的经营管理决策，披露质量更好的企业环境信息。信息披露取决于管理层的行为，行动范围受到规章制度的限制，权力约束了现实行动的可能性，管理层的行为强度则受到能力和动机的约束，因此管理层的能力制约信息披露的质量。上市公司管理层基于外部合法性等动机能够有效识别外部环境，解读内部信息，动态地执行和调整企业行为从而提高环境信息披露质量。

（二）公司特征层面

国内外研究表明，公司规模、公司盈利能力、公司财务杠杆、公司行业特征（是否属于环境敏感型行业或重污染行业）、上市年限等因素与企业环境信息披露质量相关。其中，早期研究中经常将公司规模、公司盈利能力、负债程度作为解释变量，这三个因素在大量研究中被证明与企业环境信息披露质量具有相关性，近期研究中通常将这三个因素作为控制变量。下面仅就公司规模和公司盈利能力两个因素进行阐述。

1. 公司规模

国内外环境信息披露研究一致发现，企业环境信息披露质量与公司规模呈正相关关系。近期研究中，一般将公司规模作为控制变量。公司规模与环境信息披露的正相关关系，一般被解释为大公司比小公司占用更多资源，受到更多的社会关注，因而需要披露更多的环境信息。

迪克斯和科波克通过实证研究发现，规模较大的公司会披露更多的环境信息。特罗特曼和布兰得利收集了澳大利亚企业年报中的环境信息进行实证研究，结果表明，公司规模越大，披露的环境信息越多。唐通过与马来西亚公司的管理人员进行访谈，发现大公司涉足更多的环境领域。阿达姆松、欣德和罗伯特查阅了欧洲六国企业年报中披露的社会责任信息，松伟对872家本企业的环境信息披露情况进行问卷调查，布雷默和帕夫林以英国450家大型企业为样本进行研究，结果都发现公司规模与环境信息披露质量正相关。科米尔和梅根、马克等的实证研究也得出了相同的结论。然而，考恩、费里雷和帕克以美国不同行业的134家公司为样本进行研究却得出了相反的结论，他们发现，公司规模与年报中环境信息披露质量之间是负相关的关系。林恩、胜彦和埃瑞克的研究结果表明公司规模与环境信息披露质量并不存在相关性。

2. 公司盈利能力

鲍曼和海尔实证研究发现，公司盈利能力与企业环境信息披露质量正相关。科米尔和马格纳尼以 1986—1993 年加拿大造纸、石化和钢铁行业的 33 家公司为样本进行研究，发现企业的财务状况和信息披露成本是影响环境信息披露质量的重要影响因素，企业的规模、所处行业及法律法规对企业的环境信息披露也产生影响。弗罗斯特研究了澳大利亚 40 家采掘业企业年报中的环境信息披露情况，结果表明，盈利能力越强的企业环境信息披露质量也越高。安德森和富兰克林等得到了相同的结论。英格拉姆和福雷泽、弗里曼和贾格尔、科米尔和梅根、恩格和马克通过研究得出的结论则截然相反，研究得出，企业财务绩效与企业环境信息披露质量负相关。希克森和米林的研究发现，公司盈利能力并不会对企业的环境信息披露质量产生影响。

二、影响企业环境信息披露的外部因素

利益相关者理论和合法性理论为企业环境信息披露提供了分析框架和理论基础，从外部压力角度考虑企业环境信息披露的影响因素是近年来的一个重要研究方向。来自政府政策、社会舆论监督、环境事故、效率导向的市场调控、传统文化、环境制度等的外部压力会促使企业减少环境污染排放，增加环境信息披露。

（一）政府政策压力

环境监管制度以法律法规为直接手段，以重污染行业为重点监管对象，辅之以环境信息公开、环境标准或协议等其他手段，具有一定的强制性，能够对企业环境信息披露形成硬性约束。在实证研究中，学者一方面对具体法规条目和环境标准加以归纳，将监管因素纳入 EDI（electronic data interchange，电子数据交换）指标体系的构建中；另一方面，通过建立制度监管变量，运用计量手段探究监管制度对企业环境信息披露的影响。王建明以我国各行业的环境监管法规数量来衡量制度压力，发现制度压力显著促进上市公司环境信息披露质量的提高。2008 年，国家环境保护总局《关于加强上市公司环境保护监督管理工作的指导意见》和《上海证券交易所上市公司环境信息披露指引》的发布，提高了企业的环境信息披露质量，而后者的实施效果更好。在实际监管过程中，重污染行业作为环境保护部门的重点监管对象面临更严厉的管控，因而有学者使用"是否为重污染行业"来间接反映政府的监管力度。陶莹、董大勇使用樊纲等的市场化指数及其分析指标作为制度环境变量，发现整体的政府规制强度能促进企业信息披露质量的提高。

此外，企业加入"社会责任指数团""环境协议国""环境认证标准"后，需要满足相应的环境标准，承担更大的合法性压力，从而有更强的动机披露环境信息。

休斯等研究发现，美国 FASB 和 SEC 的环境信息披露审查导致环境业绩较差的公司增加了环境信息披露内容。弗罗斯特研究发现，澳大利亚公司环境信息披露数量和质量的提高与该国 1988 年《公司法》对于环境信息披露强制要求的出台显著相关。弗里曼等研究发现，是否来自签订《京都议定书》的国家是影响企业环境信息披露的因素之一。

在我国，近年来，生态环境部、证券监督管理委员会、证券交易所等机构相继发布针对企业或上市公司的环境信息披露政策，学者根据政策规定将企业所属行业划分为重污染行业与非重污染行业，由于重污染行业上市公司受到国家环境披露政策的影响更大，其环境信息披露质量也更高，这一结论在多项研究中被证实。在政府政策压力方面，较具特色的研究有以下几项。

王建明收集了 1996—2006 年颁布的有关环境的法律及部门性规章，以各行业环境监管法规数量为外部制度压力的代理变量。研究发现，企业所属行业受到的环境监管制度压力越大，企业环境信息披露质量越高。

吴德军基于上海证券交易所（简称上交所）于 2008 年出台的《上海证券交易所上市公司环境信息披露指引》及 2009 年推出社会责任指数的政策背景，研究发现，纳入上海证券交易所社会责任指数成分股的上市公司的 2009 年环境信息披露质量比 2008 年显著提高，从而为上交所要求成分股公司强制披露政策的实施效果提供了经验证据。

毕茜、彭珏、左永彦将中华人民共和国环境保护部（简称环保部）与上交所环境信息披露政策集中发布的 2008 年作为环境信息披露制度的实施元年。研究发现，环境信息披露制度能够促进企业环境信息披露质量的提高，且公司治理能够增强制度对企业环境信息披露的促进作用。

毕茜、彭珏研究了环保部和上交所分别于 2008 年颁布的环境信息披露政策哪个执行效果更好，结果发现，政策发布之前，深圳证券交易所和上交所公司环境信息披露质量无显著差异，但 2008 年政策发布之后，上交所公司环境信息披露质量显著高于深圳证券交易所公司环境信息披露质量，从而认为上交所发布政策的有效性比环保部政策的有效性更强。

（二）社会舆论监督压力

企业的环境信息披露行为还会受到媒体、NGO（Non-Governmental Organization，非政府组织）等社会机制的影响，这些压力通过舆论监督机制发挥作用。NGO 是企业重要的利益相关者，为了获得合法性，企业有动机改善环境管理，提高环境绩效，以应对 NGO 的压力。德根和戈登通过问卷调查，发现越受到环境保护团体关注的行业，披露的正面环境信息越多。负面环境事件如环境事故、环境诉讼、负面环境报告的发生会损害当事企业乃至全行业的经营"合法性"，引起资本市场的负面反馈，企业不得不增加环境信息披露为自身合法性辩护。媒体在信息传播方面具有独特优势，是企业环境信息披露的重要监督力量。一方面，行业总体媒体报道水平与负面报道水平能够促进该行业环境信息披露质量的提高；另一方面，与特定企业有关的环境文章数量也能促进企业环境信息披露质量的提高。我国学者郑春美以财经媒体新闻条数衡量媒体关注度，得出相同结论，而国外学者布雷默和帕夫林的研究未得出一致的结论。

自 21 世纪以后，学者通过计算媒体报道数量的 J-F 系数来衡量媒体报道的倾向性，并将其作为"合法性"的替代变量。研究认为，负面媒体报道水平越高的公司将面临更高的非系统风险，因而会通过环境信息披露进行合法化管理。沈洪涛也发现，媒体报道倾向性能显著促进企业环境信息披露质量的提高。然而部分学者无法得出类似结论，并认为合法性理论至少在自愿环境信息披露领域是不够稳健的。

社会舆论监督压力主要来自媒体和公众的舆论监督，也来自会计师事务所等社会中介机构的监督。布朗、德加尼研究发现，媒体关注度与行业环境信息披露质量显著相关，且媒体的负面报道会使公司披露更多的正面环境信息。德根等发现，媒体对公司环境表现的报道与公司环境信息披露正相关。宾勒·李发现，媒体关注度较高的企业更可能披露笼统的环境信息。布雷默、帕夫林研究发现，在正常情况下，媒体的报道对公司环境信息披露影响不大，但当环境事故发生后，媒体的报道引发了公司对事故相关信息更多的披露。

沈洪涛、冯杰将媒体对企业环境表现报道的倾向性系数作为社会舆论监督压力的代理变量，研究发现，社会舆论监督压力与环境信息披露质量显著负相关，即媒体的报道越负面，企业环境信息披露质量越高。郑春美、向淳将来自《中国证券报》等财经媒体上的样本公司为标题收集的新闻条数作为媒体关注程度的代理变量，研究发现，媒体关注度与企业环境信息披露质量正相关。

王霞、徐晓东、王宸将产品是中国名牌或著名商标体现的品牌声誉作为社会声誉的代理变量，结果显示，社会声誉与企业环境信息披露质量显著正相关。张彦、关民将中国公众环保民生指数排行榜作为公众环保意识的代理变量，将公司聘用的综合排名在前 30 名之内的会计师事务所作为社会监督水平的替代变量，但研究发现，公众环保意识、社会监督水平与企业环境信息披露质量无显著相关性。

（三）环境事故压力

帕腾研究发现，阿拉斯加石油泄漏事件发生后，涉事公司在年报中极大地增加了对该石油泄漏事件及后续清除情况的信息披露，整个石油行业公司的环境信息披露也显著增加。德根等研究发现，国际国内环境相关事故发生后，与肇事公司同行业的澳大利亚公司普遍在年报中披露了更多的环境信息。

肖华、张国清研究发现，松花江事件发生后，资本市场对当事者吉林化工及同行业公司做出了负面反应，这些公司的环境信息披露则显著增加。肖华、张国清研究了重庆开县井喷事件、贵阳电厂黑尘暴污染事件、松花江事件等对肇事公司及其所属行业的影响，发现类似的结论。

（四）效率导向的市场调控

有效的市场能够对企业环境信息披露形成均衡合意的调控。企业披露环境信息时，除了支持直接的披露费用外，还要面临商业信息被竞争对手利用的风险。另外，企业通过回应市场的信息需求，获得环境声誉，降低资本成本。因此，企业环境信息披露受到的市场压力源自企业对合法性的认知，如行业龙头公司的环境实践、母公司和供应链核心企业的环境要求、顾客的环境需求等。在市场化进程较快的国家，公众的环境诉求更高，企业环境行为在技术和执行层面上受限较少，企业能够取得更好的环境绩效。在竞争激烈的行业中，企业自愿性披露越详细，并采取更为主动的环境策略，产品市场竞争能对部分公司治理机制产生替代或互补的效应，促进企业社会责任披露质量的提高。在国际市场上，企业自愿披露策略受到国际社会政治、会计和金融制度的影响，尤其是依赖出口市场和外国资本或技术的公司，在 ISO 认证和节能管理的推行上表现得更积极。阿兹发现，产品市场地位较高（维持长期客户关系、行业集中度高），或者股票市场地位较低（分析师盈利预测差异大）的公司会披露更多的环境信息，同时面向国际市场的产品（石油、矿、纸、钢）生产商环境信息披露质量较高。市场调控利用市场信息资源配置的有效性，能够极大地促进企业进行主动环境管理和自愿性环境信息披露。

（五）传统文化

中国传统文化是中华各民族祖先在漫长悠久的社会生产、生活实践过程中所创造的，为中华民族世世代代所继承发展的文明成就的汇集和升华。从形式上看，凡思想、学术、教育、宗教、文学艺术、衣食住行等，无不尽在其中。时至今日，中国传统文化依然光辉灿烂，在中国的现代化建设中，传统文化对人们社会生活的各个方面发挥着重要作用。中国传统文化是一个巨大的思想宝库，意蕴深刻，注重人与自然、人与人、人自身的和谐，这其中蕴含着"天人合一""道法自然"等生态伦理思想，"贵和尚中"的协调理念及"见利思义"的价值观念等。这不但使人们注重保护环境，追求人与自然的和谐，同时也指导人们注重他人利益，承担起应有的责任。

中国传统文化蕴含的思想精髓影响到人们对待自然的态度，影响到企业的环境保护责任，因此我们认为，传统文化也会对企业的环境信息披露质量起到作用。本书认为，传统文化可以从内外两个角度影响企业环境信息披露。从内部来看，传统文化深深影响着企业高管和员工的心理及行为。首先，传统文化中形成的"天人合一"的宇宙观，强调人与自然的和谐统一，蕴含着深深的环境保护理念，如道家的"人法地，地法天，天法道，道法自然"和"返璞归真"等思想，而哲学中同样包含了对自然的深深敬畏，他们深信世界上的万事万物都是相互关联和相互依存的，要尊重环境，减少对环境的过度消耗。王树义和彭星通过实证研究发现，文化这一非正式制度有助于促进经济的低碳转型。中国传统文化中的和谐理念蕴含着丰富的环境伦理思想，我们相信"天人合一"的思想精髓在一定程度上影响着企业高管对环境的态度。其次，中国传统文化在历史的进程中形成了"贵和尚中"的协调理念、"以义统利"的义利观以及"天下为公"等思想，可以减轻员工和高管的利己心态。早在《尚书》《左传》等典籍中，就有"以公灭私""公家之利，知无不为""临患不忘国"的规范性要求，孔子的"见利思义""泛爱众，而亲仁"，孟子的"先义后利"，道家提出"圣人无常心，以百姓心为心"，都体现了人们在处事时要很好地重视利益相关者的利益，以集体的利益为重，勇于承担责任等思想。最后，中国传统文化中的"和为贵""厚德载物"的处世哲学及"中庸""修身先正心"等思想会影响人们对待风险的态度，使人们在追求物质利益上，要掌握和谐的原则，克制极端的、过度的物质享受的习惯和行为，不能因贪得无厌而采取激进的极端行为。而传统文化中的宗教文化与风险也呈负相关关系。相关研究显示，在浓厚的宗教环境下，企业高管更倾向于避免承担违规的风险。从外部来看，随着我国公众环境保护意识和维权意识的不断增强，环境信息披露在中国社会已达成相当程度的共识。而中国传统文化中的思想精髓使人们更自觉地保护环境，产生更多的社会责任，激发了更广泛的社会意识。传统文化和环境保护有着天然联系，因此传统文化浓厚的地区会对企业形成更大的舆论压力，促使企业进行环境信息披露。

（六）环境制度

环境制度是关于环境资源化和资源环境化的相对稳定的社会行为规范。从内容上看，环境制度主要是一种解决环境问题的社会规范，其涉及范围十分广泛，体现在经济、社会生活的各个方面，但无论是在哪个方面，环境制度都主要表现为国家各有关部门颁布的各种法律、法规、规章、政策等具有约束力的成文规则等。由于环境污染具有明显的"外部性"，是市场失灵的表现，因此需要政府的介入。政府颁布的一系列法律、法规、政策、措施可以有效地约束企业的污染行为，对解决环境问题有很大的帮助。根据合法性理论，企业追求合法性的目的在于适应外部制度化环境的压力，即外部制度构建了企业组织并且不断与企业相互渗透，环境制度决定了企业的生产经营方式。环境制度也左右着外界对企业的评价。

所以，作为一种组织的企业使自己看起来合乎常理是它的首要目标。帕森认为，组织合法性是在共同社会环境下，对组织行动是否合乎期望所做出的恰当的一般认识和假定。与当前社会共同的目标保持一致是每一个企业试图追求的，也就是一个组织的价值体系趋同其所在的社会制度，否则这个组织成功的可能性很小。萨奇曼认为，企业合法性是指在社会体系中，企业的行为被认为是可取的、合法的、合适的一般感知和假定，公司对外披露社会责任是为了证明其"合法性"。企业是资源、能源的主要消耗者，对社会及环境有着巨大的影响，企业受合法性压力的驱使而披露社会责任信息，从而符合法律法规，因为要实现利润，企业首先要合法地存在着。因此，为了表明自己的经营活动合法、符合信息披露的相关法规，公司将会进行社会责任信息披露。良好的制度环境，从法律、制度、资本市场等各个方面对企业施加压力，促使企业进行环境信息披露，提高其环境信息披露质量。

第四节　企业环境信息披露的经济后果

一、环境信息披露与财务绩效

主流观点认为，企业提高环境信息披露质量与财务绩效显著正相关。邹立和汤亚莉等均认为企业环境信息披露质量越高，越能正向影响企业绩效。蔡飞君和柴小莺将环境信息划分为财务型和非财务型，认为与资产和负债等相关的财务型环境信息能显著提升企业盈利能力。

二、环境信息披露与企业价值

赵家正和赵康睿认为，通过环境信息披露，企业能够向外传递负责任的态度，提高客户满意度，增进与监管层的沟通，避免受到环保处罚，进而能显著提升企业价值。尹锋、刘栩萌和黄溶冰的研究均表明，企业提高环境信息披露质量有助于打造良好口碑，赢得利益相关者的青睐。徐光华和宛思嘉认为，环境信息披露有助于增进投资者对企业的了解，进而做出正确决策。

三、环境信息披露与融资成本

李姝等研究发现，相比于在财务报表中披露环境等社会责任信息的公司，单独出具社会责任报告和环境报告的公司权益资本成本的降低更显著。艾尔以美国石油、化工等多个行业为研究对象，发现环境信息披露质量越高的企业，获取融资的成本越低，这种负相关关系在重污染行业中更加显著。袁洋选取了 A 股重污染行业上市公司，研究认为环境信息披露质量与权益资本成本显著负相关。倪娟和孔令文研究了重污染行业环境信息披露情况，证明重污染行业上市公司提高环境信息披露质量能缓解企业内外的信息不对称问题，消除债权人和投资者对环保问题的疑虑，从而更容易获得借款，并降低债务资本成本。吴红军指出，企业只有披露内容具体和可验证的环境信息，才能显著降低权益资本成本。高宏霞等认为，具体量化的货币性环境信息对降低债务融资成本有着显著影响。

四、环境信息披露的市场反应

布兰可等研究了农药厂剧毒气体泄漏事故的市场反应，发现同行业公司股价在事故发生之后显著下降。洛林、科利森发现，媒体披露好消息的公司没有显著的超额收益，媒体披露坏消息的公司有显著的超额收益，但具有滞后效应。肖华、张国清研究了重大环境事故松花江事件的市场反应，发现吉林化工及同行业公司在事件发生 15 日后出现显著为负的市场反应，股票累积超常收益率显著为负。张玮以国电电力发展股份有限公司为例分析了市场对其环境信息披露的反应，结果发现，市场对强制披露的负面环境信息在披露日做出显著负面反应，但持续时间较短；市场对自愿披露的负面环境信息反应不显著；市场对正面环境事件信息的反应不显著。万寿义、刘正阳采用事项研究法分析了采掘业公司环境信息的市场反应，结果显示，社会责任报告中的环境信息在较短时间窗口期对资本市场产生了有限的影响，年报中的环境信息则基本没有产生市场反应。

五、环境信息披露的价值相关性

沈洪涛、游家兴、刘江宏研究发现，企业环境信息披露能显著降低权益资本成本；张淑惠、史玄玄、文雷研究发现，企业环境信息披露质量与企业价值显著正相关，这主要来自预期现金流量的增加，而非资本成本的降低。赵恩波从融资角度研究了企业环境信息披露产生的经济后果。研究发现，企业环境信息披露质量越高，企业权益资本成本越低；环境信息披露质量与企业获得的新增银行借款，特别是新增短期银行借款显著正相关。唐国平、李龙会研究发现，环境信息披露与公司价值正相关，披露环境信息的公司具有相对较高的市场价值。

第四章　国内外企业环境信息披露制度的演进与现状

企业环境信息披露制度是企业开展现代化公司治理的重要手段之一，加强了对企业污染排放和环境治理行为的监管与规范，鼓励和引导企业自觉参与环境保护工作。企业环境信息披露制度在发达国家得到了广泛应用并不断完善，形成了明显的制度优势，这些制度的构建与实施对我国上市公司环境信息披露制度的建设具有借鉴意义。本章包括我国企业环境信息披露制度的历史沿革、我国企业环境信息披露制度的现状、企业环境信息披露制度的国际状况、国外企业环境信息披露制度对我国的启示四部分。

第一节　我国企业环境信息披露制度的历史沿革

一、我国企业环境信息披露制度的萌芽阶段

2003年9月国家环境保护总局发布的《关于企业环境信息公开的公告》是最早针对环境信息披露的相关法律法规。但是，环境信息披露政策的雏形早已出现，最早可以追溯到1989年。

对1989—1998年发布的相关法律法规的总结分析可以看出，在这一个阶段，没有与企业环境信息披露直接相关的法律法规，只是在《中华人民共和国环境保护法》《中华人民共和国固体废物污染环境防治法》《中华人民共和国大气污染防治法》《中华人民共和国环境噪声污染防治法》《中华人民共和国水污染防治法》等法律法规中涉及部分与环境信息披露相关的条文语句。从政策的发布主体来看，在这个环境信息公开的探索性阶段，中华人民共和国全国人民代表大会常务委员会（简称"全国人大常委会"）、中华人民共和国财政部、证监会、国际

组织等对环境信息公开的探索做出了政策上的贡献。从政策的内容来看，这个阶段发布的法律法规分别从污染、循环经济、环境影响报告书、环境信息公开的公众参与、重大环境事件等方面做出了有关信息公开的规定。其中，污染包括大气污染、固体废物污染、水污染、噪声污染。四部污染防治法在 1989 年颁布的《中华人民共和国环境保护法》的基础之上，从具体的不同污染物防治方面，对环境信息披露的对象、强制披露的内容有了进一步的规定和细化。但是，这个时期并没有具体形成专门的环境信息披露政策，甚至并没有对环境信息形成完整的概念和认识。证监会发布的《公开发行股票公司信息披露的内容与格式准则第六号〈法律意见书的内容与格式〉（修订）》、财政部和国家税务总局发布的《财政部、国家税务总局关于企业所得税若干优惠政策的通知》也是如此。

1997 年，中国证监会发布了《公开发行股票公司信息披露的内容与格式准则第一号〈招股说明书的内容与格式〉》。其中关于"发布招股说明书正文的风险因素与对策"一章中规定，发行人需要发布所在行业的行业特点、发展趋势中可能存在的不利因素以及行业竞争情况，包括环保因素的限制、严重依赖有限的自然资源等相关信息。其中涉及环境保护的地方共两处：一是在规定"应说明的政策性风险"时提到"环保政策的限制或变化等可能引致的风险"；二是在规定"募股资金运用"时，对属于直接投资于固定资产项目的，要求发行人可视实际情况并根据重要性原则披露"投资项目可能存在的环保问题及采取的措施"。但是，对于公开发行股票的公司年报，没有关于环境问题的具体而明确的披露要求。

1999 年，中国证监会颁布了《公开发行股票公司信息披露的内容与格式准则第六号〈法律意见书的内容与格式〉（修订）》。其中"发行人的重大债权、债务关系"一章中明确规定，要"说明发行人是否因环境保护、知识产权、产品质量、劳动安全、人身权等而产生侵权之负债"；同时，"发行人的环境保护和产品质量标准"一章中还规定，要说明发行人的生产经营活动是否符合有关环境保护的要求，近三年是否因违反环境保护方面的法律、法规而被处罚。

这个时期的环境信息披露以政府主导企业披露为主。由于中国环境信息披露起步较晚，且还处于一个相对不成熟的时期，环境信息披露缺乏动力，且环境信息作为公共信息的一部分，其公共性的属性也让这种信息很难激发社会大众和企业搜集的积极性。因此，政府在中国企业环境信息披露的起步阶段的主导作用和引领作用是较大的。

虽然并未形成一部较为具体和全面的针对环境信息披露的法律法规，但是从颁布出台的若干法律法规中可以隐约看到环境信息披露的影子。而这些探索性的法律法规都是环境信息披露政策早期实践的体现，从字里行间观察到中国环境信息披露政策的孕育和萌发。

二、我国企业环境信息披露制度的起步阶段

在环境信息披露制度的萌芽阶段，主要是对企业对特定环境事件的紧急披露的相关规定，主要的企业环境信息披露行为是在政府的主导下进行的。而到了2001年之后，对环境信息披露行为做出了更进一步的强制披露规定，在更多的情形下必须披露更多的环境信息。

在这个阶段，政府部门制定的环境信息公开政策还是以强制性规定企业披露为主，政府依然是企业环境信息披露的主导者。根据环境信息公共性特点，公民若想获得企业的准确信息会有一定的难度，企业也不大愿意主动披露。而政府部门由于具有一定的强制力在手，相比于公众来说更能够获取准确的信息。

首先，政府部门通过使用行政职能来对企业的信息进行搜集，是一种强制手段。其次，环境信息本身是一种公共资源，对其进行搜集并不一定对企业和公众产生实际的经济利益，缺乏主动搜集的内在驱动力。因此，鉴于环境信息的特征，相关信息披露政策能够有利于社会大众更加便捷地获取更多的相关信息。《中华人民共和国清洁生产促进法》《中华人民共和国环境影响评价法》《关于对申请上市的企业和申请再融资的上市企业进行环境保护核查的通知》《关于开展创建国家环境友好企业活动的通知》《重点企业清洁生产审核程序的规定》，这几个法律文件从清洁生产、环境影响评价、环境保护核查、环境友好型企业评定几个方面规定了企业应当在何时，以什么样的形式，应当向哪些对象披露哪些相关的环境信息，以及规定政府部门应将对企业与环境相关的评价结果进行公布。环境信息披露制度具有一定的强制性，披露环境信息的内容比较有限。但是在环境信息披露的对象方面有所扩展，相较于环境信息披露萌芽时期的以政府部门为主逐步扩展到鼓励企业向公众披露。同时对于披露的时间未明确规定，属于不定期披露，且披露方式比较局限，以在新闻媒体和环保部门网站披露为主。

2003年，国家环境保护总局发布了《关于企业环境信息公开的公告》。该公告明确了环境信息公开的范围，并就必须和自愿公开的信息、信息公开的方式等具体内容做出了明确规定。其中，列入在当地主要媒体上定期公布超标准排放污染物或者超过污染物排放总量规定限额的污染严重企业名单中的企业，必须公布其环境信息。企业必须公开的环境信息包括企业环境保护方针、污染物排放总量、环境污染治理、环保守法、环境管理等内容。企业自愿公开的环境信息包括

企业资源消耗、企业污染物排放强度、企业环境的关注程度等内容。该公告鼓励企业以多种方式公开环境信息。

2003 年 6 月，国家环境保护总局颁布了《关于对申请上市的企业和申请再融资的上市企业进行环境保护核查的规定》。该规定主要强调对重污染行业申请上市的企业或者再融资募集资金投资于重污染行业的企业进行环境保护核查。在此基础上，该规定重新确定了重污染行业的范围，包括冶金业、化工业、石化业、煤炭业、火电业、建材业、造纸业、酿造业、制药业、发酵业、纺织业、制革业和采矿业等在内的 16 个行业。该规定为中国制定上市公司环境信息披露相关法规奠定了良好的基础。

国家环境保护总局于 2003 年发布的《关于企业环境信息公开的公告》和于 2005 年发布的《关于加快推进企业环境行为评价工作的意见》这两部政策文件，对环境信息披露的内容做了详细的规定和补充，不仅规定了应当强制披露的信息，还规定了可以自愿披露的信息。同时，对披露的方式做了新的规定，除了传统的报纸、新闻媒介等方式，还创新性地增加了鼓励企业发布环境报告书的方式，因此披露方式也得到了一定的拓展。

虽然这个阶段有部分法律法规鼓励企业主动披露环境信息，但更多的是以被动披露为主。可以说，这既是一个以被动披露为主的阶段，也是企业环境信息自愿披露崭露头角的时期。

三、我国企业环境信息披露制度的形成阶段

2007 年，国家环境保护总局颁布的《环境信息公开办法（试行）》，为鼓励性和强制性相结合的环境信息披露制度，对于污染物排放超过标准或超总量的企业提出强制性披露要求，披露内容包括主要污染物排放情况、环保设施建设运行情况以及环境污染事故的应急预案情况，对其他企业的环境信息披露仅提出鼓励性要求。2008 年，国家环境保护总局出台了《国家环境保护总局关于加强上市公司环境保护监督管理工作的指导意见》，指出上市公司的环境信息披露包括强制公开和自愿公开两种形式，其中，强制公开的情况是指发生对证券交易价格影响较大、与环境保护相关的重大事件时，对未发生强制公开情形的上市公司仅提出自愿披露要求。金融监管部门为推进绿色金融的发展，也积极参与环境信息披露的配套制度建设。

2007 年，国家环境保护总局、中国人民银行、中国银行业监督管理委员会联合发布了《关于落实环保政策法规防范信贷风险的意见》，重点明确了环境主

管部门的信息公开和共享职责、银行监管部门监督环境信息应用的职责，以及商业银行将企业环境信息纳入信贷审核的职责范围。在该意见框架下，企业存在项目未通过环评审批、环保设施未经验收的情况，以及其他环境违法情形时，将会受到绿色信贷的制约。

2007年，国家环境保护总局发布了《环境信息公开办法（试行）》，该办法的主要内容包括：首先，环境信息主要包括政府环境信息和企业环境信息，政府环境信息是指"环保部门在履行环境保护职责中制作或者获取的，以一定形式记录、保存的信息"；企业环境信息是指"企业以一定形式记录、保存的，与企业经营活动产生的环境影响和企业环境行为有关的信息"。其次，对两种信息公开的内容、方式和程序等进行了详细规定。最后，该办法还给出了相应的监管和处罚措施。这是中国第一部有关信息公开的规范性文件，也是第一部有关环境信息公开的综合性部门规章，为推动中国企业公开环境信息提供了坚实的制度保障。

2008年，国家环境保护总局颁布实施了《关于进一步规范重污染行业生产经营公司申请上市或再融资环境保护核查工作的通知》及《首次申请上市或再融资的上市公司环境保护核查工作指南》，进一步对从事火力发电、钢铁、水泥、电解铝行业的公司和跨省从事其他重污染行业生产经营公司明确了环境保护核查程序的要求，规范和推动了环境保护核查工作。同年，国家环境保护总局还颁布了《关于加强上市公司环境保护监督管理工作的指导意见》，该意见首先指出，需要进一步加强上市公司环保核查制度，建立完善的协调与信息通报机制，将应当披露而没有披露的上市公司及时准确地通报给证监会。其次，该意见提出要积极探索建立上市公司环境信息披露制度，在此明确上市公司的环境信息披露可分为"强制公开"和"自愿公开"两种形式；对需要披露的"重大事件"进行了详细的列举。最后，该意见还提出要开展上市公司环境绩效评估研究与试点，环保部门根据市场需要，选择一些成熟的、高耗能的、重污染的行业进行环境信息绩效评估试点，编制并发布上市公司年度环境绩效指数和综合排名报告，为广大投资者提供上市公司环境信息的参考资料。

除了国家环境保护总局，各省、市也开始制定环境信息披露的相关制度，并推动环境信息披露的实践工作。根据2008年国家环境保护总局发布的《关于加强上市公司环境保护监督管理工作的指导意见》及《环境信息公开办法（试行）》要求，2008年5月上海证券交易所发布了《上海证券交易所上市公司环境信息披露指引》，规定了上市公司环境会计信息的披露可分为四部分：一是包括在董事会报告中，披露有关企业环境政策和目标的实施情况；二是在财务报表及其附注中披露计入损益的环境保护工程支出和与环境有关的或有负债等；三是在专门的企业社会责任报告或环境报告书中对企业履行环境保护的相关信息进行详细的披露；四是其他信息，包括年报中的重要事项、公司治理结构部分也可能会披露环境会计信息。此项制度首次明晰了上市公司环境信息披露的细节问题。

四、我国企业环境信息披露制度的推进阶段

这一阶段，环境保护不同领域的法律法规更加健全，环境信息披露有了更多法律制度支撑。2014 年新修订通过的《中华人民共和国环境保护法》，明确规定了重点排污单位强制性披露的环境信息内容，从立法层面对企业环境信息披露提出要求，但是只限定了披露主体为重点排污单位，重点排污单位以外的企业被排除在外。至此，我国企业环境信息披露制度仍然是"自愿＋强制"的披露制度。同年，环境保护部发布《企业事业单位环境信息公开办法》，明确了重点排污单位是强制性信息披露主体，应当披露排污信息、防治污染设施建设运行情况、环境影响评价、环境事件应急预案等信息，并需要以企业网站、信息公开平台、报刊媒体等便于公众知晓的方式公开。至此，环境信息强制性披露的立法有了质的提升，其约束性显著提高。

国家环境保护主管部门对环境信息披露较之前也有了更为清晰的定位和指向。

2010 年 9 月，环境保护部公开征求意见的《上市公司环境信息披露指南》，对 16 类重污染行业上市公司提出了强制性披露要求，对披露内容也做了具体规定。此外，该指南还明确了以年报进行定期披露和以临时报告进行临时披露两种形式。该指南较《环境信息公开办法（试行）》更先进之处在于，其提出了 8 类强制披露的环境信息和 5 类鼓励披露的环境信息，并提出了《上市公司年度环境报告编写参考提纲》，尽管该指南未正式发布，仍然体现了国家环保主管部门的政策指向。

2011 年 6 月环境保护部发布的《企业环境报告书编制导则》，对提高企业环境信息披露的规范性、完整性、可读性和可比性提供了重要遵循依据。

2011 年 7 月出台了《关于进一步规范监督管理严格开展上市公司环保核查工作的通知》，该通知包括四项内容：一是规范上市公司环境保护核查工作的程序；二是严格规定上市公司环境保护核查工作的时限；三是加强对企业环境保护违法行为的监督管理；四是加大对企业环境安全隐患的排查和整治力度。

2012 年 4 月，国务院发布的《2012 年政府信息公开工作计划》中提到要着

力推进环境保护信息公开工作：①要加强环境核查审批信息公开，着力推进建设项目环评、行业环境保护核查、上市环境保护核查等信息的主动公开；②加强监测信息公开，落实新修订的《环境空气质量标准》，提升环境监测能力，加大超标污染物监测信息公开力度，推进重点流域地表水环境质量、重点城市空气环境质量、重点污染源监督性监测结果等信息的公开，提升环境监测信息公开水平。对于污染情况较严重的城市，尤其要做好环境监测信息公开工作；③加强重特大突发环境事件的信息公开，要按照应急预案信息发布有关规定，及时公布重特大突发环境事件的处理情况等信息，提高处理透明度。

2012年9月，中国证券监督管理委员会制定的《证券期货市场诚信监督管理暂行办法》开始实施。该办法规定，企业应予披露的诚信信息包括因违法开展经营活动被银行、保险、财政、税收、环保、工商、海关等相关主管部门予以行政处罚等信息。同年10月30日，环境保护部办公厅发布了《关于进一步加强环境保护信息公开工作的通知》，该通知要求发布违法排污企业名单，定期公布环境保护不达标的生产企业名单，公开重点行业环境整治信息并依法督促企业公开环境信息。另外，还要求加强重特大突发环境事件的信息公开，及时公布处置情况。

2013年1月，环境保护部发布了《危险化学品环境管理登记办法（试行）》，该办法规定危险化学品生产使用企业，应当依照本办法的规定，于每年1月发布危险化学品环境管理年度报告，向公众公布上一年度生产使用的危险化学品品种、危害特性、相关污染物排放及事故信息、污染防控措施等情况；此外，还应当公布重点环境管理危险化学品及其特征污染物的释放与转移信息和监测结果。另外，企业还要发布重点环境管理危险化学品释放与转移报告表，内容包括重点环境管理危险化学品及其特征，污染物向环境排放、处置和回收利用的情况，以及相关的核算数据等内容。

证监会作为上市业务主管部门，于2016年、2017年先后发布公开发行证券的公司信息披露内容与格式准则，分别对年度报告和半年度报告的信息披露内容与格式进行了规定，这是继2006年对招股说明书做出环境信息披露指导以来，第二次对上市公司的环境信息披露内容和格式进行规范指导。两个准则明确提出，属于环境保护部门公布的重点排污单位的公司或其重要子公司，应当披露企业排污信息、防治污染设施的建设和运行情况、建设项目环境影响评价以及其他环境保护行政许可情况、突发环境事件应急预案、环境自行监测方案等信息，并且执行不披露就解释原则，要求重点排污单位之外的公司若不披露的，应当充分说明原因。相较于之前的指引，环境信息披露的操作性和强制性均进一步升级。

为配合环境信息披露有关管理工作，我国还通过鼓励和支持绿色金融相关业务，协同推进环境管理。2016年，中国人民银行、财政部等七部门共同发布《关于构建绿色金融体系的指导意见》，明确提出要建立针对上市公司、发债企业两类市场主体的环境信息强制性披露制度，对属于环境保护部门公布的重点排污单位的上市公司，要研究制订并严格执行包括污染物排放、环保设施建设运行等方面的具体信息披露要求，为绿色信贷、绿色债券、绿色供应链等工作夯实基础。

2017年，环境保护部和证监会就共同开展上市公司环境信息披露工作签署了合作协议，该协议提出，为督促上市公司更好地履行环境保护责任，由两部门共同建立和完善针对上市公司的环境信息强制性披露制度。

五、我国企业环境信息披露制度的攻坚阶段

2018年，生态环境部发布的新版《环境影响评价公众参与办法》第九条规定，企业在改建、扩建、迁建项目时，应当通过其网站、建设项目所在地公共媒体网站或者建设项目所在地相关政府网站，说明现有工程及其环境保护情况。这进一步为企业环境信息披露提供了制度支持。

党的十九大报告中明确提出要健全信息强制性披露，进一步明确了国家强化该项制度建设的决心。环境信息披露经历了之前几个阶段的摸索和试验，正逐渐进入强化完善的攻坚阶段，相信在立法和相关主管部门的积极努力下，环境信息强制性披露制度将稳步建立，助力督促企业履行环境保护责任，在资本市场中发挥环境信息披露的应有作用。

第二节　我国企业环境信息披露制度的现状

一、企业环境信息披露制度逐步规范

自21世纪以来，经济飞速发展，由此带来的环境问题也日益严峻。当前，中国经济社会面临环境污染严重、生态系统退化等严峻的资源环境问题，并且发生了一系列由环境问题引发的群体性事件。

与此同时，政府逐渐意识到环境保护和可持续发展的重要性。尤其是2012

年以后，全国多次遭遇大范围连续雾霾天气，导致部分交通线路停运、学生停课、出行受阻等，严重影响到人们生活的方方面面。由此引起了政府部门，特别是环保部门的高度重视，亟须遏制污染，治理环境。

企业是推动经济社会发展的主力，同时也是制造环境污染的主体。由于上市公司的公开性和受关注程度都高于一般企业，所以它便成为我国企业环境信息披露的先行者。上市公司关注生态文明是履行社会责任的重要表现形式，其向社会披露的信息作为企业与各利益相关方全面沟通的重要载体，越来越受到上市公司和政府部门的广泛重视。发布环境信息已经成为企业自身发展的必然选择与内在要求。企业已开始重视环境信息的披露在解决公司责任缺失和责任危机方面的沟通作用，并且试图通过年报、社会责任报告、临时公告等途径，及时向利益相关方披露负面事件并提出解决方案，塑造健康的企业形象。世界诸多国家和地区纷纷制定了政府和企业环境信息披露的法律、法规，对企业环境信息披露的内容、形式等方面做出了严格的规定。中国企业环境信息披露制度正处于起步阶段，在借鉴发达国家企业环境信息披露相关法规体系的基础上，初步建立了中国的企业环境信息披露制度。

近年来，由于环境问题受到了利益相关者的高度关注，再加之来自社会舆论的压力，企业管理者慢慢认识到环境问题的严重性，开始主动披露环境信息，因此环境信息披露在各方面均得到了较好的发展。当然，也正是因为意识到环境信息披露是体现企业环境保护责任情况以及企业与利益相关者进行沟通的有效渠道，为提高环境信息披露质量，我国政府也颁布了诸多法律法规。

不难发现，近年来我国不断出台法律法规来提升企业环境信息披露质量，尤其是在规范上市公司方面做出了不懈的努力。在 2014 年修订的《公开发行证券的公司信息披露内容与格式准则第 2 号——年度报告的内容与格式》中，明确鼓励公司主动披露环境信息，包括在防治污染、加强生态保护等方面所采取的措施，要求重污染行业上市公司在报告期内按照相关规定披露重大环境问题，这一要求对其控股子公司也普遍适用。上市公司环境信息披露的具体范围在《上海证券交易所上市公司环境信息披露指引》中也被明文规定，它要求上市公司在相关环境问题发生之日起两日内及时对外披露相关信息，正确处理企业经济利益与环境保护之间的关系。国家环境保护部发布的《关于企业环境信息公开的公告》也具体规定了环境信息披露的内容和形式。

从整体上来看，近年来，环境信息披露在我国的发展有了很大的进步，尤其是体制方面。相关部门连续出台一系列的法律法规。一方面，所列示的制度规范主要还是由国家环境保护部牵头颁布的，其他部分则由上交所和深交所等机构视具体情况颁布，起到了补充、辅助的作用。另一方面，从这些制度规范的内容来看，国家环境保护部不再单一地在原则层面倡议和呼吁企业进行环境信息披露，而是真正落实到具体层面，规定了披露的具体内容、具体的实施形式以及具体项目等，真正发挥了政府部门的指导和调控作用。

二、履行环境信息披露义务的主体范围较小

由于上市融资企业尤其是重污染行业上市企业的募集资金投向对生态环境的影响重大，现行的企业环境信息披露制度只对上市企业环境信息披露做出了具体规定，属于重点排污单位的上市公司负有强制性环境信息披露义务，其他上市公司则适用"不披露则解释"的规则，面向所有上市公司的强制性环境信息披露制度尚未全面建立，非上市企业环境信息披露适用自愿原则，但自愿进行环境信息披露的非上市企业极少，所以环境信息披露义务的主体范围较小，且不同企业环境信息披露差异较大。大多数上市公司环境信息披露的主动性和积极性不高。

由于我国绿色经济发展的市场机制不成熟，对环境信息的需求主要来自政府监管部门，上市企业披露环境信息主要基于组织合法性动机，强制性披露与自愿性披露同时并存的混合制度设计，适应了我国特定经济发展阶段的环境监管要求，便于一些企业根据自身发展情况进行灵活选择。

但是，随着社会环保意识的普遍提高和绿色经济的发展，外部利益相关者对企业环境信息的重视和需求呈明显上升趋势，我国企业层面的环境信息供给赶不上社会需求的变化。因此，在上市公司中全面推广强制性环境信息披露，引导非上市企业自觉披露环境信息，将是环境监管改革和绿色经济发展的必然趋势，它将促进企业主动适应全球绿色发展的趋势，抓住绿色转型的战略机遇。

三、企业环境信息披露质量不高

企业环境信息披露质量不高主要表现在以下四个方面。

一是企业环境信息披露的内容以非货币化的软信息披露为主，以上市公司环境信息披露为例，主要包括生产经营管理服务的内容、产品及规模，主要污染物排放信息，污染设施建设和运行情况，建设项目环境影响评价以及其他环境保护行政许可情况，突发环境事件应急预案，发生突发环境事故和重大环境事件等。

大多是定性描述内容，与环境保护相关的企业资源、成本、负债和收益等货币化市场敏感信息披露严重不足，难以满足利益相关者的环境信息诉求。

二是企业环境信息披露的随意性和选择性较强，以正面信息披露为主，有关企业环境负债、环境成本及企业环境事件的负面信息披露较少，以企业自身的环境信息披露为主，对供应链上的合作企业和伙伴企业环境信息披露较少。另外，企业环境信息披露的连续性和规范性不强，难以进行不同企业间的横向对比和同一企业的纵向比较分析，无法满足外部利益相关者对企业环境信息使用的需求，对市场主体的决策支持功能较差。

三是企业环境信息披露得不及时、不详细，上市公司环境信息披露多见于公司年报、企业社会责任报告和企业可持续发展报告中，分散于企业财务报表附注、董事会报告、管理层讨论与分析等相关内容中，导致少量的环境信息被淹没在其他信息之中，真正以独立的企业环境报告、企业环境手册和专门的公司网站来详细披露环境信息的情况极为稀少。

四是企业环境信息披露缺乏统一的环境会计准则指引，大多未经独立的第三方信息审计，影响了企业环境信息披露的可靠性和可信度，市场主体难以依据企业披露的环境信息进行决策。

四、企业环境信息披露监管机制不完善

近年来，我国陆续出台和实施了一系列规范上市公司环境信息披露的法律法规，加大了对上市公司环境信息披露的监管力度，但企业环境信息披露监管机制仍存在不够完善的地方。在西方发达国家，企业和社会公众的环境保护意识较高，投资者和利益相关者对企业环境信息与环境保护的表现比较敏感，企业环境信息的市场化应用程度较高，企业披露环境信息意愿及质量均较高。我国生产企业和社会公众环境保护意识不强，企业自主披露环境信息的意愿不高，环境信息披露质量较低，环境信息在资源配置中的作用没有充分发挥，环境信息披露对金融市场基本失效。

另外，企业环境信息披露的标准不一，企业间环境信息披露差异较大。企业间环境信息披露差异较大，可能产生"逆向选择"问题，因为企业环境信息披露度越高，引起的社会关注越多，在缺乏统一规范的情况下，为防止市场对企业环境信息负面解读和过度解读而对企业财务绩效产生不良影响，企业环境信息披露向低水平看齐，向底部竞争，从而抑制企业环境信息披露质量的提高。我国企业

环境信息披露监管主体主要有生态环境部、财政部、证监会、证券交易所等，企业环境信息监管政出多门，容易形成环境信息披露监管的空白地带，需要加强跨部门协同监管和信息共享，提升环境信息披露的监管效率。

另外，企业环境信息披露载体和形式的单一也限制了其市场化应用，要加强利用多种媒体形式对企业环境信息进行披露，丰富企业环境信息披露形式，提高社会公众等外部利益相关者对企业环境信息的接触率、关注度和监督力。

五、环境信息披露的绿色传导机制不健全

目前，我国企业环境信息披露主要服务于政府部门的环境监管需要，企业环境信息的市场化应用和社会化应用不够广泛，市场对企业环境信息披露反应不敏感，环境信号机制和绿色传导效应不明显。需要在企业环境信息统一披露的基础上，加强企业环境信用评价，加强环境信用评价结果的市场化应用。目前，我国已有一些省市根据本地情况开展了企业环境信用评价，但存在重环境信用评价结果而轻信用评价应用的倾向，导致环境信用评价在资源配置中没有充分发挥作用。

在上市公司环境保护核查制度已经被取消的背景下，充分发挥环境信息披露和环境信用评价在证券监管中的作用则显得更为迫切、更为重要。要建立健全企业守信激励和失信惩戒机制，加大对环境信用不佳企业的惩罚力度和对环境信用表现优秀企业的奖励力度，强化企业环境信用表现与企业价值之间的关联，使企业环境信用评价能够影响投资者和债权人的决策。加强环境信息披露和环境信用评价结果在绿色金融、绿色信贷和企业环境保护责任保险中的应用，使环境信用表现较差的企业难以获得融资或者融资成本变高，让环境信用表现不好的企业强制购买环境保护责任保险，并要支付更高的保险费用。

第三节　企业环境信息披露制度的国际状况

一、美国企业环境信息披露制度

（一）美国企业环境信息披露制度的特点

20 世纪 60 年代，美国工业化带来的生态环境问题日益恶化，雷切尔·卡逊

的著作《寂静的春天》尖锐地揭示了美国的环境危机，引发了美国环境管制和生态治理的热潮。美国早期的环境管制以"命令和控制"为特点，行政当局通过发布和执行刚性的环境法规与标准，以抑制企业生产经营等活动给环境带来的负面影响。从 20 世纪 80 年代开始，美国开始在环境管制体系中引入以市场为基础的经济激励手段，主要是排污费、补贴和可交易排污许可等。这种管制手段有利于提高管制效率和降低管制成本，但是在执行过程中也存在着一定问题。管制者需要了解企业的污染物排放和治理成本等信息，以制定最佳环境法规和经济政策。

19 世纪 80 年代初，美国国内发生了较为严重的危险化学品泄漏和核泄漏事故，暴露了美国在环境信息公开方面所存在的不足。这些后果严重的环境事件，将民众要求社区知情权的呼声推向高潮，促使美国国会采取行动，对超级基金法案进行修订。1986 年 10 月，美国发布《超级基金修订和再授权法案》，创立了有毒化学物质排放清单（toxics release inventory，TRI）制度，由美国国家环境保护局建立和维护相应的数据库，将有毒化学物质的排放信息公布于众，以发挥公众监督的作用。因此，美国环境管制由政府主导转向政府引导、企业和民间环保组织共同参与治理。在这一背景下，实施环境信息披露制度，不仅迎合了公众享有知情权的民主意愿，也是实现环境共同治理的必要条件。

美国所颁布的一系列与环境保护有关的法律和法规，对企业的环境污染预防和治理提出了严格的要求，导致巨额环境成本和负债的产生。根据美国国家环境保护局对于超级基金成效的追踪报道，私人当事方每年在危险废物场所清理工作中的投入均高达数亿美元。《资源保护和回收法案》和《清洁空气法案》等，也给企业带来巨额的守法成本。1992 年，普华永道对美国环境成本会计实务的调查发现，20 世纪 80 年代，美国公司与环境事项相关的资本性支出所占比重从 2% 升至 20%，由过去的违规行为所造成的未支付环境成本（负债）则高达 5000 亿美元。高额的环境守法成本和环境负债应否及如何反映在传统财务报表中，急需规范。美国证券交易委员会开始关注重大环境事件的披露问题，倡导注册者在其所提交的文件中揭示遵守环境法律法规所带来的财务影响。被授权制定公认会计原则的美国财务会计准则委员会，也开始着手制定环境负债和环境成本在财务报表中予以确认和计量的标准。证券市场中的环境信息披露要求，成了美国企业环境信息披露管制政策的重要组成部分。

根据周洁、王建明的研究，美国企业环境信息披露具有以下几个特点。

①环境信息披露主要安排在年报管理层讨论分析部分。

②公司环境信息披露主要包含环境政策、环境成本和环境负债三个方面内容。首先，环境政策的披露。美国上市公司披露公司环境政策目标，并且只要与环境负债和成本相关的特定会计政策都予以披露，有的公司还披露政府就环境保护措施给予的鼓励。其次，环境成本的披露。美国上市公司披露公司的环境成本，并对环境投资和环境费用分别做了列示，对研究、再利用、环境健康管理等方面有一定的描述。再次，环境负债的披露。美国上市公司披露公司的环境负债，对与环境有关的可能债务，如超级基金站点数及预计清理费予以定量的披露，对越来越严格的未来法规所导致的潜在债务予以说明，对与环境有关的债券和金额等予以披露。

③美国上市公司对环境信息的披露主要采取定量形式，以定性描述为辅。

④公司管理层对环境信息披露比较重视，对某些环境事项会随着时间的推移持续在公司年报中进行披露。美国环境信息披露工作的推动主体由美国国会、美国国家环境保护局、美国财务会计准则委员会和美国证券交易委员会组成，以环境法律法规、政策文件为实施载体对企业提出环境信息披露的具体要求。

（二）主要法律法规

总的来看，美国的环境保护发展是一个先污染后治理的过程，一些研究美国环境法的学者将美国环境保护进程分为初始时代、奠基时代和成熟时代。20世纪70年代之前的两个阶段，即初始时代和奠基时代，美国在环境保护方面逐渐出现了一些州立法律或地方条例，但是还没有联邦性的实体法律体系。这两个阶段可以认为是美国环保发展的起步阶段。

早在1872年，美国就设立了植树节，并最终发展为被全球认同的环境保护节日。同年，美国通过了《黄石法案》，设立了世界上第一个自然保护区。

随着工业革命的发展，美国颁布了《河流与港口法》以治理环境污染问题。然而随着工业的快速发展，美国开始出现多方面的环境污染严重的问题。20世纪四五十年代，美国发生洛杉矶光化学污染事件、多诺拉烟雾事件等恶性环境事件；20世纪五六十年代，化肥、农药的滥用引发了严重的环境污染问题。环境问题的爆发引发了民众和政府的思考，一些工业巨头企业起初尽管仍旧坚持以利益为首的原则，掩饰环境方面的负面影响，但随着越来越多环境运动和环保人士的宣传与倡导，美国的工业发展开始逐渐出现变化。一方面，开始注重环保清洁的生产环节；另一方面，大企业开始将造成污染的生产环节转移到国外。

美国20世纪70年代兴起的各种环保运动影响逐步扩大。20世纪70年代一部名为《寂静的春天》的著作的发表，使美国正式开启了对环境污染的全方位整治工作，甚至调整了基本法律如宪法、普通法等以满足环境保护的需要。1969 年，美国通过了《国家环境政策法》。这部法案的颁布在美国环境保护史上有着标志性的意义，法案规定联邦政府将协调州政府和地方政府采取切实可行的措施以增进大众福利，创造促进人与自然和平共处的自然环境，并满足当前乃至未来美国人民对社会、经济及其他方面的要求。但这部法案还未涉及企业环境信息披露的有关问题。

20 世纪 70 年代，美国政府制定了一系列的环境保护法律法规，几乎每一年都有新的环境保护法律法规出台，完善了环境保护法律体系。其中包括《美国环境教育法》《环境质量改善法》《海洋哺乳动物保护法》《联邦水污染控制法》《濒危物种保护法》《安全饮用水法》《有毒物质运输法》《森林保护法》《有毒物质控制法》等。1977 年修订了《清洁水法》，进一步扩大了环保实施的范围，对法律的应用范围予以扩大，使法律条目更为细化。

而企业环境信息披露的相关内容也逐渐在各大法案中出现并完善。在《清洁水法》《有害物质控制法》等法律中，涉及环境信息披露的具体要求以及违反法律所面临的刑事惩罚、民事惩罚。1934 年通过的《证券法》有关 S-K 管制规制的第 101 条、第 103 条、第 303 条规定，上市公司要披露重要信息，包括环境负债、遵守环境及其他法律法规而产生的成本等。该法后来还增加了对人权、污染物排放和环境信息等内容的披露要求。在 1993 年颁布的 92 号会计公报中，详细列示了应在财务报表中单独列示的应收补偿款、环境负债，并规定了环境负债计量的基础，如何确认可能承担的环境成本以及在财务报表上披露与环境相关的预计负债等。1998 年，美国环境保护机构要求确保钢铁、石油、造纸、金属、汽车等行业的公司的环境信息披露，由美国国家环境保护总局向美国证券交易监督委员会（简称"美国证监会"）提供公司的环境信息。

尽管美国同样没有专门的环境会计准则，但对于企业环境会计的处理，美国在各方面有过具体的研究和规范。美国环境会计主要在负债和支出两方面进行了研究开发。关于环境支出的记录，美国已发布三个企业环境成本处理公告，即《EITF 89-13 石棉清除成本会计处理》《EITF 90-8 环境污染费用的资本化》《EITF 93-5 环境负债会计》；在环境信息披露方面，主要从或有负债角度考虑，适用第 5 号准则公告《或有事项会计》。美国证券交易委员会也逐步规范了上市公司的环境信息披露。1993 年，美国证券交易委员会就环境会计报告问题发布了一份公报（第 92 号专门会计公报），并采取了一系列措施确保公报的实施与遵守。

1995 年由美国国家环境保护局发表的《作为经营管理手段的环境会计：基本概念及术语》定义了环境会计以及其他相关术语。1996 年，由美国注册会计师协会发布的《环境负债补偿状况报告》，提出了关于企业报告环境补偿责任、确认补偿费用的基本原则并提供了揭示补偿责任的多种方法。

通过美国联邦政府和公众的努力，美国的环境保护研究在 20 世纪 70 年代获得了突破性的进展。

（三）金融监管的要求

美国证券交易委员会主要对企业环境会计信息披露做出相关规定，包括与环境事项相关的财务信息，如环境负债、环境成本等信息。

1934 年，美国证监会发布《S-K 规则》，要求企业在证券申请上市登记表、私人事务声明、收购要约的声明等文件中均需要披露相应的环境信息，包括重大环境控制设施的资本性支出、重大环境未决诉讼事项、重大环境风险因素及其影响等。

1988 年，SEC 启动 MD&A 项目，要求上市公司在年度报告的"管理者讨论与分析"部分，披露污染控制日常成本和支出等可能影响企业财务状况和经营成果的不确定事项。

1993 年，SEC 发布了《第 92 号财务告示》，要求上市公司根据有关标准规定的《或有事项会计》《EITF 90-8 环境污染费用的资本化》《EITF 89-13 石棉清除成本会计处理》，进行必要的环境信息披露。《第 92 号财务告示》还规定了环境成本及债务的披露要求，包括企业应当在财务报表中分开列示环境负债和可能收到的补偿，披露其可能承担的环境成本（日常污染监管成本和资本性支出）和负债，并通过财务报表公开企业或有事项、场地清理与监控成本等内容。

（四）财务审计规定

美国财务会计准则委员会（FASB）发布了一系列关于环境会计处理与披露的准则及公告，有效地指导企业规范地、系统地披露环境信息。

1975 年，FASB 制定了"财务会计报表第 5 号标准——应付意外情况会计"，提出了《EITF89-13 石棉清除成本会计处理》和《EITF90-8 环境污染费用的资本化》两个审计标准。

1976 年发布第 14 号解释公告《损失金额的合理预计》，明确了"损失值的合理估计"和"或有负债"的会计核算原则。

1993 年，FASB 发布《EITF93-5 环境负债会计准则》，明确要求企业单独核算潜在的环境负债项目。

1996 年，美国注册会计师协会发布了关于环境负债补偿责任状况报告，提出了企业披露环境补偿责任和补偿费用时的基本原则，为提高环境信息披露质量提供重要支撑。同年，FASB 还发布《环境修复负债》（SOP96-1），提出了环境修复负债的确认、计量、列示和披露标准。

二、欧盟及欧洲国家的企业环境信息披露制度

（一）欧盟企业环境信息披露特点

1992 年欧盟官方发表《走向可持续发展》报告，是欧盟加速推动企业环境信息披露的标志。该报告认为，必须把环境信息作为与决策有关的企业信息披露的一个重要组成部分。欧盟自此开始大力鼓励企业披露环境信息。

1993 年 3 月，欧盟国家环境部长会议通过了《环境管理与审计计划》（Environmental Management and Audit Scheme，EMAS）。EMAS 鼓励欧盟企业改进它们的环境保护措施。EMAS 批准加入环境管理和审计计划的企业可以使用生态标志。欧盟还颁布了第 1836 条欧盟委员会条例——《欧盟的环境政策和原则》，鼓励欧盟企业自愿提高环境保护的程度，包括企业自行建立和实施环境保护政策、目标和计划，拥有有效的环境管理系统，以及编制相关的环境报表等。

通过多年的实践，欧盟为上市公司建立了相对完善的环境信息披露制度。目前，世界上最科学的、最全面的报告体系就是欧盟发布的《环境管理与审计计划》（EMAS）和环境管理体系 ISO14001。欧盟采用强制性与自愿性相结合的环境信息披露模式，各国对环境信息的披露大多是强制性的，并辅之以自愿性。

2010 年，欧盟实施新的污染物排放以及转移登记制度后，该体系制度记录了欧洲工业设施的污染物排放信息。欧盟修订了审计指导原则，规定企业员工人数大于 500 人的应在审计报告中披露环境、社会和公司治理信息。这个条款在 2018 年 12 月继续修订，强调企业要遵循"不遵守就解释"的原则，还要解释不披露环境问题的原因。

（二）欧盟的自愿性环境信息披露制度

欧盟环境信息披露制度以自愿性为主，发布了一系列指令和制度。

1990 年和 2003 年，欧盟先后颁布两版《关于自由获取环境信息的指令》，

要求各成员国将该指令转换为国内法执行。该指令详细明确了环境信息披露的主体、内容、范围、披露时限等内容，但该指令所指的环境信息获取权的申请主体是自然人和法人，环境信息提供主体是公共权力机关而非企业。因此，该法不算严格意义上的企业环境信息披露法规。

1993年，欧盟建立了生态管理和审计制度，对环境管理与审计标准提出严格的要求，参与企业须遵循环境管理、审计、报告程序并编制环境报表，请独立第三方机构审核。由于对企业无强制参与要求，该制度经过两次修订（2001年和2006年）后参与率仍然较低。

1998年欧盟成员国签署的《在环境问题上获得信息、公众参与决策和诉诸法律的公约》（简称"奥胡斯公约"），规定了公众享有在环境事务中获取信息、参与环境事务决策以及获得环境司法救济的权利，对各级政府提供公平的、透明的决策过程、提升信息公开水平做出了规定。但该制度仍未对企业环境信息披露提出强制性要求。在环境会计方面，欧盟发表了《走向可持续发展》报告。同一时期，欧洲委员会还研究设计了包括环境管理会计、企业环境报告以及财务会计等环境问题指导项目在内的一系列环境会计项目。欧盟公布的《环境管理与审计计划》提出公众监督企业对环境法规的实施和履行情况。《欧盟的环境政策和原则》（第1836条欧盟委员会条例）提倡企业通过自愿实施环境保护政策，提升企业环境表现进而编制环境报表，主动披露环境信息。欧盟于2014年底发布《欧盟非财务信息披露指令》，明确企业信息披露可参考国家或公认的国际框架。

1999年，欧盟及欧洲化学工业理事会共同发布了《关于在公司账户和报告中披露环境问题的决定》和《环境保护指南》，突出强调了环境会计核算方法、核算内容、核算质量等内容。

（三）欧洲国家的环境信息披露制度

英国在1985年修订的公司法中，要求企业以定期报告形式披露社会责任履行情况，并且鼓励公司自愿披露相关的环境信息。在1990年颁布的英国环保法案中，要求英国污染行业的企业必须披露其环境行为及绩效。英国政府部门在1997年发布相关的文件，敦促英国的大型企业向公众报告其每年的温室气体排放情况。英国在公司环境信息披露方面和大多数国家类似，结合使用自愿性披露和强制性披露两种方式。

法国于2002年实施的新经济法规规定，所有上市公司必须在其年度报告中披露有关企业运营对环境产生的影响信息。该法规仅明确了企业的披露义务，但未明确披露的信息类型。从 2011 年开始实施的第二部《格林内尔法案》将环境报告的适用范围扩大到员工人数超过 500 人且存在任何污染活动的企业。法案规定，强制性披露信息包括财务的和非财务的信息，企业经济活动对自然环境（大气、水、排放物、能源、材料）的影响，环境保护预防措施，环境管理系统的认证和实施，法律合规情况和预期法律变化的影响，环境修复措施产生的费用，环境评估的专业化服务等。

在德国严格的环境保护法律约束和民众监督下，主动披露环境信息的企业数量在逐渐增加，且披露方式也已经从强制披露转变为自愿披露，披露质量得到了很大程度的提高。德国于 1994 年颁布的《环境信息法》对企业的环境信息披露做了详细的、具体的规定，该法有效保障了公民的环境知情权，并明确规定了企业进行环境信息披露的义务和责任以及环境信息披露的内容等。企业通常采用社会责任报告来披露环境信息。

社会责任报告主要包括以下三种形式：社会责任报表、描述性报告以及目标社会责任报告。其中，社会责任报表采用货币形式来计量企业在减少污染、管理和控制环境行为等方面所发生的成本和获得的收益。然而，这种形式几乎已不存在，原因是社会责任报表缺乏公认的计量方法和指标体系。描述性报告要求企业定期或不定期地公布环境信息，包括企业环境行为、环境政策和项目、企业环境管理体系、企业生产过程中产生排放物的数据以及对环境事件的自我评价。描述性报告是企业优先选择的报告形式。而目标社会责任报告的内容更加广泛，不仅要求企业详细披露当前的环境行为，而且还要对企业未来的环境保护目标以及为达到该目标采用的战略和行动计划进行具体的说明。研究发现，在公司所采用的信息披露战略中，环境信息披露通常处于优先地位，其原因在于企业非常重视自身的环境行为以及给社会带来的影响。

此外，企业环境信息的披露质量与数量能够显著影响其盈利能力。由于环境信息披露可以给企业带来积极影响，所以越来越多的企业开始自愿披露环境信息。与其他西方发达国家一样，德国国内的环境变化也经历了从污染到治理，再到全面保护的过程，相关的环境法律、法规、制度也日趋完善。这样的成就离不开德国联邦政府长期的不懈努力。与此同时，企业也积极遵守相关法律、法规，用更严格的规范和标准来提高自身的环境管理水平，控制企业生产经营过程中的环境污染行为，逐渐改善企业的环境行为，在追求经济利益的同时，实现企业与自然的和谐相处。

最早关于环境报告书信息披露的法规诞生于 1995 年的丹麦，瑞典等国随其后，分别于 1998 年、1999 年将编制环境报告书列为对企业的强制性要求。1999 年，瑞典强制要求企业评估其业务活动对环境可能产生的影响，并向公众或利益相关者披露与环境有关的财务数据。1989 年，挪威政府在修订过的公司法中，要求企业向公众报告公司的排污情况，以及相应的在环境保护方面做出的努力和绩效。就在当年，挪威诺斯克·海德鲁公司第一个发布了公司环境报告。自此以后，挪威越来越多的企业发布独立的环境报告、企业责任报告和三重底线报告。总体来看，挪威企业和公民的社会责任意识和环境保护意识在全世界都位居前列。丹麦等其他欧盟国家，也在 20 世纪 90 年代相继颁布了关于企业环境信息披露的法规，对欧洲企业环境信息披露起到了很好的示范和促进作用。

由于缺乏共识和明确规定，欧盟各国的企业环境信息披露表现出较大的差异。欧盟企业的环境信息披露采用的方式，包括散布在各种公司年报中的环境信息文本、表格、图表等，以及公司披露的独立报告。环境信息披露内容和方式的多样性表明，企业环境信息披露尚须通过跨国行政力量予以规范。

三、日本企业环境信息披露制度

国土面积较小的日本有着数量庞大的人口，使得发展经济时必须考虑环境承受能力，不能牺牲环境以换取经济的快速发展。因此，日本更加注重环境保护事业的发展，环境法律法规体系的建设较为成熟和完善。

（一）日本企业环境信息披露的特点

日本的企业环境信息披露制度出现得相对较迟。1993 年以后日本企业才开始在年报中披露环境信息。随着日本建设"循环型经济社会"口号的提出，富士通企业在 1998 年发布了环境报告书，其中尝试了环境会计模式，成为日本第一家披露环境会计信息的大型企业。之后，日本企业的环境信息披露实践活动发展迅速，企业纷纷披露环境信息。虽然日本一直都实行企业自愿性环境信息披露制度，但进入 21 世纪后，大多数日本上市企业都发布了独立的环境报告。

日本较早制定了环境会计准则。日本的环境会计准则详细规定了企业环境会计信息披露的内容和有关披露格式的具体要求，为日本企业提供了具体的披露标准和指导。日本企业主要以独立环境报告的形式进行环境信息披露。根据调查，自 1999 年以后，超过一半的日本上市公司在其公司网站上设置环境保护专栏，利用网络公开自己的环境行为和绩效，披露公司的环境报告书。另外，日本公司还纷纷制作公司环境手册，或者在公司介绍手册等文件中披露公司的环境信息，积极向外界展示自己的环境理念和绩效。

（二）主要法律法规

第二次世界大战后，日本急于发展经济，对环境保护问题不够重视，结果在经济高速增长的同时，环境形势也急剧恶化。同许多国家一样，日本也经历了先发展经济后治理环境的曲折道路。1967 年，日本的环境污染情况达到顶峰，大型环境污染事件不断发生，人们强烈要求政府采取措施来改善环境。日本开始制定相关法律，使得企业不采取环境污染控制措施的成本要明显高于采取环境污染控制措施的成本。

在日本，企业环境信息披露通过法律法规给出了具体和规范的要求。日本管理企业环境保护及信息披露的部门是环境省。日本政府建立了健全的环境法律法规体系，目前已制定环境法律法规超过 7000 种，不仅通过强制手段开展环保工作，还重视利用市场、企业和民众的自愿行动。

2001 年 4 月，日本颁布实施了《环境污染物质的移动、排放登记制度》，规定各企业必须对制度中提出的 354 种化学物质的使用做到精确计量和申报。日本政府发布的《环境会计指南（2002 年版）》，给出企业三种可选的环境报告内容格式：①仅披露有关的环境成本信息。该格式明确了环境成本的确认和计量标准，所以这种格式提供的信息是最可靠的。②将环境成本与环保收益共同列示进行比较。它有利于进行成本或收益分析，但由于很大一部分环境收益无法以货币计量，使得分析难以精确。③列示全部两类环境收益。它的综合性最高，可以给出关于企业环境业绩的完整图景。日本的《环境会计指南（2005 年版）》制定了详细的指导规范，要求企业参照规定将需要披露的科目逐一列示在独立的报告书中，促进了企业主动和规范地披露环境信息。

（三）金融和会计方面的规定

1999 年，日本环境省颁布了《环境成本及报告指南》，对环境成本的分类及内容做了比较详细的规定，初步确立了环境会计的系统框架。

2000 年，日本环境省出台了一份官方环境会计报告《环境会计指南》，对环境成本的分类和计量方法做了进一步的补充和说明，并对如何以货币和实物等单位来反映环境绩效提出了指导性意见，使得环境信息披露开始得到普及。日本环境省在《环境报告书指南（2003 年版）》中要求企业披露环境成本、环保收益、环保活动所产生的经济效益等企业所有的环境财务信息。

一方面，日本政府在不断完善和健全环境法律体系的基础之上，先后不断发布了《环境会计指南》《环境会计手册》《环境报告书指南》等关于环境信息披露的法规和准则，其中详述了环境报告书的定义、环境报告书的制作目的和方法、报告内容和对象，并对环境信息披露的时间、对象、内容进行了较为详细的规定，并对环境披露质量提出了明确标准和详细标准，要求企业对影响环境的重要事项进行专门核算和专门报告，以保证提供的信息可靠性较好、可比性较强、易于理解，定量和定性资料齐全。另外，还提供了环境业绩评价指标体系，以此作为计算环境成本、评价企业经济活动的基本依据。这提供了非常实用的参照标准，具有很强的实践操作指导性，从而使日本企业环境信息披露的格式越来越规范。另一方面，通过充分发挥行业协会和研究机构的作用，深入进行相关调查研究，促进企业环境信息披露实施的科学化，这也是日本企业的环境信息披露得以迅速推广的重要措施。

目前，引入企业环境会计，在公开发表的《环境报告书》中披露环境会计信息的企业日益增多。除此之外，已有越来越多的日本企业要求独立的环境审计或监督机关，包括以日本公认会计师协会为主的日本相关协会、职业团体和研究机构等，对企业环境报告进行第三方认证，以取得社会公众的信任，树立企业的环境保护声誉，扩大环境经营为企业带来的利益。这客观上推动了日本企业环境信息审计和环境报告第三方认证的展开，促进了日本企业环境信息披露的良性发展。

在日本，企业大多以独立于年度财务报告之外的环境报告书的形式披露以环境成本和环境收益为主的环境信息，说明企业污染防治情况、环境管理现状、环境保护责任履行概况等。对外发布的独立的环境报告书须由会计师事务所审计并出具验证意见，这几点都与美国相似。但与美国相比，日本的环境规则是比较合作性与自愿性的。另外，日本的上市公司大多在公司网站上设置"环境"专栏，极大地方便了公司环境信息的需求者获得有关公司的相关资料。

四、澳大利亚的企业环境信息披露制度

澳大利亚很早制定了环境信息披露制度，已构建了相对成熟的体系，特别是可能造成严重污染的石油、采矿等能源公司早在20世纪80年代就已经通过独立的环境报告披露企业环境信息。

澳大利亚会计准则理事会下属的紧急事务委员会于 1995 年颁布第 4 号简报，要求裁决公司在企业的财务报告中披露信息，将环境修复上花费的数额作为负债列示在资产负债表中。

1996 年出台的《澳大利亚采矿行业环境管理准则》，为采矿行业确立了环境管理体系、环境会计信息披露、风险管理体系等多方面新标准，规范了澳大利亚采矿行业上市公司的环境信息披露以及环境风险管理的制度。2000 年，澳大利亚环境和遗产部颁布《公共环境报告框架——澳大利亚方法》；2003 年，颁布《澳大利亚的三重底线报告——环境指标报告指南》。

除了政府积极推动外，澳大利亚矿产资源大多在原住民居住地附近，在澳大利亚原住民文化对土地的敬畏和政府对原住民文化尊重的条件下，采矿行业公司会更为主动地披露环境信息，以赢得在投资者、大众、媒体等方面更好的声誉。同时，致力于保护环境和原住民文化的非营利组织也会通过线上和线下的宣传，对采矿行业上市公司进行施压，让企业更重视环境问题，更为积极地参与环境保护活动，主动披露更多的环境信息等。

澳大利亚采矿业披露主体以私有企业为主，上市公司需遵守《上市公司治理准则》，必须履行披露环境信息的义务。因股东参与股东大会、具有话语权并对企业有一定影响力，管理层和董事会会披露更多的环境信息，履行另外的企业社会责任，拥有强大的环境保护意识，更加积极地参与环境保护活动。此外，关注环境保护问题的非政府组织（第三方组织）也会对澳大利亚采矿行业上市公司施加压力（进行线上线下的环境保护宣传活动等），增强相关企业的环境保护意识，更加积极地参加环境保护活动，披露更多环境信息。

澳大利亚采矿业上市公司在独立环境报告中披露的基本环境信息包含企业环境理念、可持续发展战略、排污排废情况、企业参与的环保项目等。在此基础上，还将员工健康、安全以及对所在社区环境影响的相关信息纳入其中。

澳大利亚采矿业公司的环境信息披露的特征：①企业披露的环境信息内容具有系统性，不仅有环境信息基础内容，而且增加了多种与环境相关的其他信息；②内容真实性强，企业不仅以文字、图片形式在年报、独立报告中披露而且附有详细的真实数据；③以详实数据为支撑的环境信息提高了环境信息的有效性，便于使用者使用。

除了每年在公司年报中披露环境信息，还在可持续发展报告、社区报告以及气候变化报告中披露环境信息，在经营过程中企业也会通过标有宣传环境保护理念的产品、视频报告、媒体发布会、网站等形式不断地披露环境信息。自 20 世纪 90 年代以来，采矿业上市公司通过发表独立的环境报告进行披露。自 2000 年开始，很多企业通过万维网披露自身的环境信息，例如，2000 年福布斯世界 500 强企业中有 65% 都通过万维网发布环境信息。澳大利亚采矿业公司的环境信息披露形式优势很显著，有以下几点：①企业的环境信息披露内容更具有时效性，企业可通过网站、媒体发布会等形式，随时披露最新的环境信息而不是按照财政年披露；②对信息使用者的辐射面更广，对于不关注年报的使用者更为方便；③企业披露的信息量更大，受年报董事会报告和附注篇幅的限制，企业可能无法披露全部环境信息；④更方便与信息使用者交流，企业以发布会或网络形式进行披露，可快速地接收到使用者的反馈；⑤通过年报以外的披露新方式，企业可用更符合自身需求的方式披露相关信息。

澳大利亚有比较完善的信息披露监管体系，不仅政府建立了完善的环境信息披露监管制度，而且要求行业协会和企业自身设立相应的制度督促环境信息的披露。澳大利亚相关公司治理准则对企业环境信息披露提出明确要求，还有许多企业，如澳大利亚最大的采矿公司——必和必拓公司在公司设立可持续发展委员会，协助董事会监督企业在健康、安全、环境及社区方面的表现，并设置了相应的监管体系。这体现了澳大利亚采矿行业中企业主体和政府主体在环境信息披露工作中相互配合的关系，从而确保信息披露的及时性、真实性和完整性。

澳大利亚环境信息披露制度的成果主要有以下两个方面：①强制的披露制度使得企业主体在项目实施进程中充分认识并切实降低经营活动对环境造成的污染或破坏，及时有效地进行环境保护和恢复；②采用强制性的环境信息披露模式，借助强制手段使企业披露更多的环境保护责任信息，一方面，能够有效规避大股东施加的压力；另一方面能够降低企业的监管风险，保护企业的合法性。

第四节　国外企业环境信息披露制度对我国的启示

一、健全企业环境信息披露法律法规

国外上市公司环境信息披露制度建立的先进经验表明，尽管各个国家立法角度、立法程度、覆盖领域不尽相同，但是立法路径基本相当，都是经过了环境立法增强全民环境保护意识，由最初的污染治理覆盖到建立循环经济、实现经济社会可持续发展的阶段。国外发达国家对于环境保护的重视程度相较于我国更强烈，上市公司如果不遵守相关法律法规规定，不重视环境保护工作，其市场竞争力就会因此而受到极大的削弱，使公司的软实力受到影响，由此带来的高额违法成本相较于罚款或者监管处罚等措施对于上市公司来说更具有支配性。除完善的环境立法之外，美国、日本等国家都有相关法律对环境信息披露制度进行明确规定，从环境信息披露原则、方式到责任，从法律层面上完成对环境信息披露的路径设计。在这一层面上，国外的经验值得我国借鉴，我国应加强各方面的环境立法，提高消费者和投资者的环境保护意识。同时，通过立法明确上市公司的环境信息披露义务，以此让环境风险较高的上市公司失去竞争力，真正建立起有效的环境信息披露制度。

首先，在最高法的司法解释中或者其他规定中细化信息披露制度，对公司需要进行信息披露的标准和范围设置得更加详细和可量化；此外，还可以鼓励相关行业或者行政管理部门在自身权责范围内，共同搭建与信息披露相关法律相辅相成的制度，使环境信息披露更具可行性和强制性，引导企业更好地进行信息披露。

其次，在强制要求企业进行环境信息披露的种类范围内，要改变之前单纯的列举式立法，而是要采用列举式和概括式并用的方式，除了要将国家限制和已知的污染物列举出来之外，还应该使用概括式的方法，要求企业在几个确定要素内的环境污染信息符合标准时，都应该归进企业强制进行环境信息披露的种类之中；此外，还可以借鉴美国的审核方式，就是如果想要将污染物质纳入强制性披露的范围，不仅需要其符合法律规定，还需要相关的行政部门进行审核批准，以确保法律更加有效地维护国家和人民群众的利益。

最后，要在责任设置上进一步完善，不仅要提高企业的违法成本，使得企业在罚款上的付出远高于进行环境信息披露所付出的成本，还要进一步明确公司尤其是管理层的责任，以促使公司管理人员及时地、主动地、真实地进行环境信息披露。

目前我国的企业环境信息披露已经实现了"有法可依"，但是这一法律体系并不完善，还未达到良好的立法效果。我国应该积极地借鉴其他国家的经验，建立健全环境信息披露机制，构建完善和成熟的法律体系，引导企业积极履行环境保护责任，实现我国经济的转型发展。

二、细化企业环境信息披露内容

通过上述对各国环境信息披露制度的分析，国外上市公司环境信息披露制度的特点是环境信息定义明确，环境信息披露内容具体明确，环境信息披露方式及标准统一。国外上市公司环境信息披露的内容囊括环保理念方针、环境政策、环境投入成本、环境负债等多个可能对环境产生影响的方面，对上市公司环境信息披露内容的规定较为具体。

我们可以从中吸取的经验是，完善环境信息披露制度的实施，要以明确的、详细的、具体的披露标准为基础，即明确"环境信息的界定""应该达到何种披露程度"等。只有在基础原则及内容上做出详细的规定，才能提高环境信息披露制度的可行性及可操作性。

三、提升企业环境信息披露质量

在全球绿色经济发展方兴未艾的形势下，企业应该将环境保护纳入企业的发展战略规划中，增强环境战略意识，健全和完善企业环境管理的内控体系，引进专业的环保人才和环境会计，为相关员工提供专业培训，增加环保研发投入，加强日常环境管理，为企业环境信息披露提供组织保障和信息支持。要提高企业环境管理的信息化水平，便于利用多样化的媒体手段披露企业环境信息，充分展示企业的环境保护责任和品牌形象。对于环境敏感性行业企业，除了在公司年报中对企业环境信息进行披露外，倡导发布独立的企业环境报告，对企业环境信息定期进行详细披露，避免低水平选择性披露，并通过环境信息第三方审计，保证企业环境信息披露的质量。当然，高质量的环境信息披露会提高企业的运营成本，但这样做也能提升环境信息的市场价值和企业价值，为市场主体做出决策提供更全面的信息支持，从而为企业发展赢得更多的市场资源和发展机遇。另外，政府要努力打造一个公开的、透明的和公平的环境信息市场，避免出现环境信息市场的"逆向选择"问题，使企业环境信息公开能有效发挥信号传递和资源配置的作用，当环境信息披露给企业带来的收益超过环境信息披露的成本时，就会激励企业不断提升环境信息披露质量，从而形成一个相互促进的良性循环系统。

四、建立多方位合作监管形式

国外关于环境信息披露的监管，着重发挥着政府工作部门、第三方监管机构及社会公众对环境信息披露的协同监管作用，是发达国家环境信息披露制度的特色之一。政府通过法律和行政行为建立法律法规体系，同时通过政策激励企业进行披露，环境保护监管部门和证券监管部门建立有效的协同监管模式，加强监管信息互联共享，能合理利用并发挥各部门的优势。但政府监管并不是环境信息披露的唯一有效监管方式，在做好充分制度设计的前提下，多方位的监管模式会充分弥补政府监管的固有局限性，发挥能动性及专业性，推动上市公司环境信息披露的迅猛发展。我国应当适当借鉴国外关于上市公司环境信息披露的制度经验，建立环境保护部门及证券监督管理部门互联互通的合作监管模式，并充分发挥第三方机构对环境信息披露监管的积极协助作用，促使上市公司披露更具有权威性、可信性的环境信息，推动上市公司环境信息披露制度的发展与完善。

首先，加大在环境保护方面的宣传力度，进一步提高社会对环境风险的重视程度，由此让上市公司承担一部分来自社会公众的压力和监督，从而激励企业披露环境信息的主动性。鼓励企业选择独立环境报告的方式主动披露更多环境信息，政府还可通过独立第三方机构对这些独立报告进行评估，提升独立环境报告的可信度，进一步提升上市公司披露的环境信息的质量。

其次，政府可对企业管理层、董事会及相关财务人员进行培训，以加深他们对环境信息披露重要性的理解，使他们意识到环境信息披露对外部使用者和企业自身都有利。例如，主动披露可提升企业商誉，增强股东信心等。结合当前已实施的优惠政策鼓励企业主动披露环境信息。

最后，政府可继续推进国企混改，通过改制后企业管理结构的改变加快建立环境信息强制披露制度。

五、健全企业环境信息绿色传导机制

财政部、生态环境部和证监会应加快制定企业环境会计准则，明确环境资产、环境负债、环境权益、环境收入、环境费用和环境利润等环境会计事项的计量、处理和适用，在上市公司中推行环境会计核算体系，并为上市公司提供环境会计信息披露的业务指导，规范企业环境会计信息披露，有利于提高资本市场对上市公司环境信息披露的敏感反应。推动建立独立的第三方企业环境信息鉴证制度，制定环境信息审计准则，对上市公司所披露环境信息的真实性和可靠性进行评鉴，提高企业环境信息披露的合规性和可靠性，促使企业真实地披露环境信息。健全企业环境信用评价制度，扩大环境信用评价结果的市场化应用，使环境信用表现较好的企业能获得政府政策的支持，并从市场中获得更多的"环保溢价"，从而促进更多企业主动实施环境战略，自觉披露环境信息，获得环境绩效和经济绩效提升的"双重红利"。

第四章　国内外企业环境信息披露制度的演进与现状

　　企业是践行和参与生态环境保护的主体力量，企业环境信息披露在环境信号传递和环境信用评价中发挥着基础性作用。健全和完善企业环境信息披露制度，提高企业环境信息披露质量，对于强化企业排污者主体责任，预防和化解企业环境社会风险，引导绿色设计、绿色生产、绿色投资、绿色融资和绿色消费，吸引更多的利益相关者参与环境治理和美丽中国建设，实现环境污染的社会共治，共同打好污染防治攻坚战，实现国家环境治理体系和环境治理能力现代化有着重要的现实意义。

第五章　企业环境信息披露与企业价值

企业价值是企业一切活动的根本指针与最终目的，企业积极主动地披露环境信息，能够有效发挥环境信息治理机制的作用，有效减少企业污染物的排放，提升环境质量。本章包括环境信息披露的信号作用、环境信息披露与企业价值的相关性、环境信息披露对企业价值的影响三个部分。

第一节　环境信息披露的信号作用

一、环境信息披露的信号作用概述

投资者在评估一个污染型行业企业价值时，一个自然的关注点就是，在环境保护法律法规越来越严苛的趋势下，公司的现金流量面临的风险有多大。在同等条件下，环境管理规范、环境绩效较好的企业，更能适应环境保护法律法规的要求，面临的环境保护风险更小，更能获得投资者的青睐，资金成本就会更低。因此，环境绩效较好的企业，有动力向外界展示自己，将自己与环境绩效不好的企业区分开来。

环境信息披露本身也能提高企业价值。在环境绩效相同的情况下，披露的企业相对于不披露的企业，可以向外界说明自己的环境绩效实际情况，或者为自己较差的环境绩效进行辩解，这些都可以降低信息不对称的程度。当信息不对称的程度较高时，投资者感知的风险比较大，从而对企业的要求也比较高，最终提高了企业的资本成本，降低了企业的价值。

科米尔等指出，企业主动进行环境披露的动机之一就是获得利益相关者的支持以及相应的资源。他们遵循收益—成本分析框架，指出环境信息披露虽能为企业带来利益，但也产生成本。除了收集整理信息等直接成本外，环境信息披露还会产生间接成本，即信息被竞争对手利用，受到环境保护团体的压力以及可能因超标而被政府惩罚等。

据此我们认为，企业在权衡收益和成本后决定各自的环境信息披露质量。而环境绩效不同的企业，其信息披露的边际成本显然是不同的。环境绩效较差的企业，因某些方面的信息披露成本很高，会减少披露甚至不披露企业环境信息。这样环境信息披露便具有发送信号的功能。在信息不对称的情况下，投资者可以依据披露这一信号判断企业类型，并决定采取高价增持或低价抛售的方式，形成对企业的奖励或惩罚，建立一个信号发送模型，分析企业主动进行环境信息披露的博弈过程。

二、环境信息披露对企业价值的信号作用

企业披露环境信息，满足股东、债权人、供应商、经销商、政府部门、监管机构、顾客、社区公众等对环境信息的需求，一方面增加企业的预期现金流量，另一方面降低企业的权益资本成本，从而影响企业价值。企业环境信息披露对企业价值的影响信号，包括环境信息披露的传递信号和环境信息披露的反馈信号。

（一）环境信息披露的传递信号

企业环境信息披露是企业通过多种渠道向其利益相关者传递企业环境信息的过程。企业价值最大化，是现代企业追求的目标。企业在生产经营活动中，为提升企业价值，需要识别出企业的利益相关者。

首先，企业通过分析影响企业生产经营活动或受企业生产经营活动影响的个人或群体，确定企业的利益相关者，包括股东、债权人、供应商、经销商、政府部门、监管机构、顾客、社区公众等。

其次，分析企业利益相关者所关心的问题。在环境方面，政府部门希望企业能够减少环境事故，降低环境污染程度，将污染物的排放量控制在政府规定的指标之内，维护社会秩序，保障人民的生命财产安全，走"新型工业化道路"，建设环境友好型企业和资源节约型企业。企业员工期盼企业能够提供清洁的、安全的、绿色的、健康的工作环境，减少污染物、电子辐射等对员工身体的危害，保护员工的身体健康。

最后，确定企业在日常的经营活动中如何开展环境管理工作，以及进行环境信息披露的内容、渠道、方式等，以满足利益相关者的需求。

（二）环境信息披露的反馈信号

企业通过环境管理活动，积极履行环境保护责任，满足利益相关者的利益需求，实现企业与利益相关者的互利共赢，为企业的持续发展营造一个良好的环境。例如，企业员工在和谐的工作环境中会更加积极努力地工作，更加热情周到地为顾客提供服务，以此作为对企业的报答与反馈。这样就会提高企业的产品质量，提升客户的满意度和忠诚度，为企业树立良好的形象和信誉，这无疑就会增加企业当前和未来的现金流量，提升企业价值。企业生产过程中的废水、废气、废渣等污染物的排放量都在政府规定的指标之内，企业面临的环境诉讼风险就会降低，并且可能得到环境保护部门的奖励、税收政策方面的优惠等，股东、债权人的投资风险就会降低，企业的融资风险也会降低，企业的资本成本也随之降低，企业价值就会增加。

企业履行环境保护责任，披露环境信息，与提升企业价值在本质上具有一致性。企业开展环境保护运动，当期需要一定的资金、人力、物力的投入，尤其是关掉污染严重的厂房设备，进行环保设备的建设，节能环保技术的研发与应用，在当期可能会减少企业的利润，降低企业价值。然而经过一段时间，从长远来看，企业主动承担环境保护责任，优化环境，节约能源，必定会得到利益相关者的认可与奖励，为企业树立良好的形象和品牌，为企业持续的、稳定的、健康的、和谐的发展营造了良好的环境。过去的那种急功近利、竭泽而渔的掠夺式与粗放型的企业增长方式，那种盲目崇拜科学技术、忽视自然界的客观发展规律的价值观念，给人类社会带来了严重的灾难，人类也为之付出了沉重的代价。灾难频发、气温骤升、能源短缺、物种灭绝等都是自然界向人类发出的警告，企业承担环境保护责任，披露环境信息，不仅是理论上的需要，更是现实的诉求。

企业履行环境保护责任，披露环境信息，经过利益相关者的反馈，都会对企业的预期现金流量或权益资本成本产生直接或间接的影响，而预期现金流量与权益资本成本是影响企业价值的直接因素，那么，企业环境信息披露就会对企业价值产生影响。尽管从短期来看这种影响并不显著，但是企业积极履行环境保护责任，披露环境信息，走可持续发展道路，从长远来看，这是一条正确的致富之路，是一条人与自然和谐相处的道路。

第二节　环境信息披露与企业价值的相关性

一、环境信息披露与企业价值的相关性研究结论

国内外学者对环境信息披露和企业价值的关系研究所得结论不尽相同。结论主要分为三类：显著正相关、显著负相关和不相关。目前关于这个问题的研究还没有统一的、准确的结论。

（一）环境信息披露与企业价值显著正相关

贝尔卡维率先开始研究环境信息披露与企业价值之间的相关关系，他通过实证检验发现，企业披露污染治理费用的信息会在短时间内提高公司的股价。

奈克和皮特认为，利益相关者的环保意识逐渐增强，他们对企业财务报告或者社会责任报告中的环境信息需求变大，企业加大环境信息披露的力度，能有效提高其市场价值。沈洪涛、杨熠主要研究企业社会责任与企业价值的关系，而环境信息披露与企业社会责任信息披露密切相关。他们选取 1999—2004 年的上市公司为样本，实证分析发现，企业社会责任信息披露的质量会影响到企业价值。

沃力特克也从社会责任信息披露的角度出发，研究了企业发布社会责任报告对自身的影响。他认为，企业的经济效益和可持续发展能力在一定程度上受到其发布的社会仟责报告完整性的影响。张淑惠、史玄玄和文雷在研究两者关系时发现，环境信息披露可以导致预期的现金流量增加，但是无法显著降低企业的资本成本。环境信息披露通过增加预期现金流量的方式影响企业价值，起到提升企业价值的作用，但张淑惠、史玄玄和文雷等的样本选择仅局限于上海市的上市公司。

席尔瓦进一步将研究样本限制为具体电力行业，对美国电力行业公司的数据进行实证检验，发现如果企业的二氧化碳排放量比较低，企业越倾向于披露其环境支出数额，并且其财务绩效也普遍高于未披露环境信息的公司。

乔治等同样发现，环境信息披露质量和资本市场反应之间密切联系。他们选取马来西亚的上市公司为样本，实证检验发现，投资者对企业的环境保护支出和污染治理信息非常关注，其信息的完整性和准确性会影响到投资者的投资决策，进而影响企业在资本市场中的表现。孔令文和倪娟选用 2012—2013 年我国上市公司为样本，研究了环境信息披露与债务融资成本之间的关系。研究发现，在重

污染行业中，企业披露高质量的环境信息会降低债务人对企业的不信任程度。这种不信任程度的降低将有助于企业以较低的利率获得银行或者其他债权人的贷款。

环境信息披露对企业价值的正相关影响可以从经济收益效应和社会认同效应两个方面进行分析。经济收益效应是指企业的环境信息披露行为给企业和投资人带来的实际利益。具体来说，投资者根据企业披露的环境信息可以更准确地预期企业未来的发展前景，从而使企业投资者搜寻信息和决策的成本得到节约。所节约的成本即环境信息披露行为创造的收益，这些收益将会在企业和投资者之间通过资本市场里的竞争行为得到分享。环境信息披露行为是企业承担社会责任的表现之一，更多的消费者会倾向于购买这些企业的商品或提供的服务，从而给企业带来利润的增加。企业通过披露环境信息向政府表明其积极履行环境保护责任的态度，能够有效减少未来环境保护处罚、环境诉讼等带来的经济损失，带来企业预期现金流量的增加，进而增加企业价值。社会认同效应是指企业的环境信息披露行为树立的良好形象在资本市场筹资时得到的回报。在企业经营收益相同的情形下，投资者更倾向于选择承担环境保护责任的企业。因此，环境信息披露质量较高的企业能在资本市场获得更多的溢价，投资者也愿意接受更低的投资收益率，从而降低企业权益资本成本，进而带来企业价值的增加。

投资者的信心不仅能够对企业融资成本的高低产生影响，还直接决定着企业股价，进而影响到企业的资本成本。企业价值一方面通过股价来反映，另一方面和资本成本紧密关联。当投资者对股票市场信心较足时，购买股票数量就会增加，促使股价抬高，进而提升企业整体价值。反之，投资者信心不足，就会大规模卖出手中股票，导致股票价格下跌，企业价值难以得到全面的、合理的反映。由此可见，企业增强投资者的信心，就能够得到更多投资者的支持，促使股市活跃，进而降低企业的资本成本，增大股票市值并提升企业价值。

（二）环境信息披露与企业价值显著负相关

贝克等认为，环境信息披露会引起新闻媒体和社会各界的关注，从而降低企业价值。秦颖认为，企业如果不断增加环境投资，会导致企业的成本上升，最终降低企业价值。他们利用联立方程的研究方法验证了环境绩效和企业价值的负相关关系。

尼尔森和哈森通过检验瑞典的上市公司数据，验证了环境信息披露会降低企业价值。

内田和保罗通过事件研究法研究大量具体的环境信息披露案例，发现环境信息披露不能显著降低企业价值。于伟将研究样本局限于重污染行业，选择100多家上市公司进行实证检验。他主要通过构建模型检验了环境绩效和股价的相关关系，发现企业提升环境绩效后股票价格会下跌，即环境绩效的提高会降低企业价值。

普拉姆利等以美国上市公司为研究对象做实证研究发现，对于环境敏感型行业的企业来说，对环境信息的自愿性披露能够显著降低企业的市场价值。秦颖认为，在环境投资方面不断增加投入，必定使得相关成本提高，从而影响正常经营绩效，最终可能导致企业价值的降低，并通过联立方程的研究方法验证了环境绩效和企业价值的负相关关系。李力选取2013年我国重污染行业157家上市企业作为研究样本，运用内容分析法实证检验了碳信息披露对企业价值的影响。结果表明，企业碳信息披露质量与企业价值呈显著负相关。从预期现金流量和资本成本两个渠道分析对企业价值的影响，任力等得出了不一样的结论。他们通过对沪深A股重污染企业进行分析，并把影响企业价值的环境信息进行分解发现，硬披露能够实质性影响企业价值，但是软披露并不具有影响效应，而且得出资本成本渠道不成立的结论，对于预期现金流量的影响是负向的。也就是说，结论并不支持鼓励企业积极披露。

（三）环境信息披露与企业价值不相关

除了环境信息披露与企业价值正相关和负相关的研究结论以外，部分学者还认为两者并不存在显著相关关系。

陈玉清和马丽丽、蒋麟凤等认为，企业提高环境信息披露的质量并不会直接影响到企业的价值，环境信息影响财务绩效和股票价值的理论依据比较薄弱。

默里以英国1988—1997年100多家的公司为样本，使用最小二乘法，分别实证检验了社会责任信息和环境信息对公司股价与企业价值的影响，结果发现，两者之间并不存在显著相关关系。

莱昂纳多·贝塞蒂等认为，环境信息披露会给企业价值带来两种可能的影响。一方面，企业进行环境信息披露的同时，必然需要增加对环境保护活动的投资；另一方面，环境信息披露也能给企业带来一定的回报。两种影响互相抵消，使得环境信息披露对企业价值的影响不显著。胡东通过手工搜集的方式细致分析了我国证券网上企业披露的有关环境信息，发现我国投资者的环境保护意识薄弱，并没有特意关注环境信息。由此可知，环境信息披露对企业绩效的影响并不显著。

胡珍珍、高民芳等将环境信息披露的影响分为长期影响和短期影响,通过数据收集回归分析得出的结论为,环境信息披露短期内无法对企业的价值产生显著的影响。

此外,也有部分学者通过研究表明,环境信息披露并不是绝对正向、负向或者不影响企业价值的。刘尚林等建立了更加详细的分析环境信息披露的理论框架,将环境信息的内容分为积极信息和消极信息后进行实证分析,发现消息的好坏会和企业价值的正负向变动相对应,积极信息能够提高企业价值,消极信息则会负向影响企业价值,而处于中间地带的信息对企业价值并没有显著影响。常凯对中国重污染企业的非平衡面板数据进行研究,分别研究了环境信息披露对企业市场价值和无形资产市场价值两个方面的影响机制。结果发现,环境信息披露对二者的影响效应和程度是完全相反的,即对企业市场价值的影响是负向的,而对无形资产市场价值的影响是正向的。他对企业市场价值负向影响的解释是,更多的和更高质量的环境信息将会增加企业的运营风险。而对于正向的影响,他认为,高质量的环境信息能够提高企业的声誉和形象,从而增加无形资产的市场价值。

二、环境信息披露与企业价值相关性

从产品市场角度来看,当企业更倾向披露更多高质量的环境信息的时候,给公众传达的信息是自身对社会责任承担的优良表现,以及对生态文明建设的贡献,即使相关信息包含了一些不好的信息,也能在一定程度上体现企业的担当。这一行为会引起消费者的好感,从而增加该企业的产品市场份额,提高企业绩效。从政府的角度来看,环境行为的外部性促进了相关环境信息披露政策的产生和发展,同时也增加了对违反政策规定进行披露以及未恰当披露相关信息的行为的明确的处罚机制。而企业正确披露环境信息且严格遵守相关政策的行为,也在一定程度上降低了环境违法风险,也就是说,这既是一种社会责任承担的表现,也是对相关法律法规积极配合的表现,未来将不大可能增加环境处罚等成本。因此,环境信息披露更好的企业,其预期现金流量会更高,在资本成本相同的情况下其市场价值将会更大。再从资本市场的角度分析,在此需要做出一个相关的假定,就是投资人不再是完全理性的,同时还会带有一定的社会人的属性,也就是能够对企业的责任承担行为做出适当的反应和决策。此时,当企业披露更多的环境信息,表现出的是对可持续发展的更多承担,投资人将对此观察到的行为包含在决策的考虑因素内,从而使得当企业披露更多更高质量的信息时,投资人更加愿意以及可能接受较低的投资收益率,对于企业来说将是降低资本成本的绝佳机会,进而在预期现金流量相同的情况下，拥有更低资本成本的企业能够获得更大的企业价值，更直白的说法就是，企业环境信息披露质量越高，其企业价值越大。

（一）自愿性信息披露与企业价值的相关性

环境信息披露最早是作为自愿性信息披露的一部分进行研究的。对于自愿性信息披露与企业价值关系的研究，国外文献相对较多，国内研究则处于初级探索阶段。

韦斯利利用内容分析法构建自愿性信息披露指标，以拉美地区三个国家的上市公司为样本，实证研究公司价值与信息披露增量之间的相关性，发现两者之间存在显著的正相关关系。

迈德哈万发现，外部投资者更愿意对信息披露规范的上市公司进行投资，从而对公司股价有提升作用，即得到了自愿性信息披露与公司价值显著正相关的肯定结论。

帕特尔和达拉斯对样本公司的信息披露进行评分，分数越高证明信息披露质量越高。研究表明，信息披露质量较高的公司，其市价与账面价值的比例也较高。

拉卓尔以新加坡上市公司为研究样本，从不完全契约的角度出发，论证信息披露对公司治理和公司价值的影响。结果表明，环境信息披露越充分，公司治理水平越高，进而可以提高企业财务绩效与企业价值。

还有一些研究是从企业自愿性信息披露与资本成本之间关系的角度，间接证明信息披露与企业价值之间的相关性。

波多桑认为，企业自愿性信息披露质量的持续稳定和提高，有助于提高公司股票的流动性，从而降低资本成本，即企业信息披露与资本成本之间存在显著的负相关关系。

韦尔克研究表明，公司信息披露质量与公司的买卖价差和债务成本之间存在显著的负相关关系。同时，信息披露质量的提高还有助于降低债券发行成本。

张宗新、杨飞和袁庆海对 2002—2005 年深圳市上市公司进行研究，检验信息披露质量对公司绩效的影响。他们采用深圳证券交易所的信息披露考核评级衡量信息披露质量，发现信息披露质量与公司绩效存在显著的正相关关系，信息披露质量较高的公司，拥有较好的财务绩效与市场表现。因此，合理引导上市公司进行信息披露，对于提升上市公司价值有重要作用。

佟岩等选取 2004—2008 年深圳市公司数据进行实证研究，同样得到了企业提高自愿性信息披露质量，可以提升公司价值的肯定结论。同时还提出，通过信息披露提升公司价值，不但有利于公司的发展，更对资本市场的进步有重要意义。

段盛华通过研究样本公司在控制权发生转移时对控制权进行的信息披露的市场反应，发现相对于未披露控制结构信息的样本公司，披露控制权相关信息的样本公司拥有更高的市场价值。

张宗新、朱伟骅发现从信息披露绝对量的角度而言，公司价值与信息披露质量呈现倒 U 型关系，从信息披露增量的角度而言，企业价值与信息披露增量之间存在显著的正相关关系。信息披露积极的公司市场价值相应较高，而信息披露质量低的上市公司市场价值相应较低。

还有一些学者从自愿性信息披露与资本成本的角度，对自愿性信息披露与企业价值进行研究。汪炜、蒋高峰在控制了公司规模、财务风险因素后，研究发现，提高上市公司的信息披露质量，可以降低公司的权益资本成本，从而提升企业价值。自愿性信息披露质量越高，可以有效降低公司再融资成本，降低股权融资成本。

可以看到，国内外研究结论基本一致，都证实了自愿性信息披露对企业价值正向影响的肯定结论。

（二）社会责任信息披露与企业价值的相关性

环境信息作为社会责任信息的一个重要方面，被国内外学者关注。对社会责任信息披露与企业价值相关性的研究，国外研究较为成熟，但我国有关社会责任信息披露与企业价值相关性的实证研究甚少，处于起步阶段。

自 20 世纪 70 年代末以来，国外学者通过对企业社会责任信息披露与企业价值之间的相关性研究，得出了较为一致的结论，即企业披露的社会责任信息具有价值相关性。通过研究样本公司社会责任信息披露质量与企业价值间的关系，以及样本公司利益相关者对企业价值的影响，发现企业承担的社会责任越多，企业价值越高的肯定结论，且二者之间互为因果。

英格拉姆利用资本市场的反应，检验公司社会责任信息披露的有用性。他将样本公司按照披露内容和方式的不同分为十五个投资组合，比较它们的年市场收益率。研究发现，除了产品类信息外，对社会责任信息进行非货币化披露的投资组合的年收益率显著高于没有对社会责任信息进行披露的投资组合，这种差异在环境类信息中尤为显著。

鲍曼和海尔研究发现，公司社会责任信息披露与股东权益回报率之间存在显著的正相关关系。同样，每股收益、利润率和股东权益回报率与公司社会责任信息披露之间也显著正相关，汉密尔顿通过实证研究发现，不承担社会责任或有不合法规表现的公司的市场价值相对较低。

　　但是，还有一些不同的研究结论出现。万斯研究显示，社会责任等级较高的公司在股票市场价格并不高。鲍曼等通过浏览公司的社会责任和经营网站，分析企业的资产收益和权益收益等财务表现与公司履行社会责任之间的关系，却没有得出一致的结论。公司履行的社会责任有一些与财务表现相关，有一些却不相关，且没有发现它们之间的规律性。同时，他还对社会责任所涉及的重要组成部分分别进行了研究。实证检验发现，只有员工利益、产品质量安全、资产收益及权益收益和公司价值相关，而社区利益和环境保护等方面及财务表现与公司价值无相关关系。艾伯特和蒙森采用投资者收益来测量公司价值，研究表明，公司社会责任信息披露对投资者的收益没有显著影响。

　　我国对企业社会责任信息披露与企业价值之间的相关性研究较少。阳秋林将环境保护支出和公益捐赠作为企业社会责任信息披露的重要方面，对我国企业的社会责任信息披露情况进行调查。研究表明，我国企业进行的社会责任信息披露质量不高，与西方发达国家的披露质量差异悬殊。总的来说，在社会责任履行与社会责任信息披露方面，经营效益较好的企业优于经营效益较差的企业，国有企业及集体企业优于私营企业。李正在 2006 年对企业社会责任信息披露的影响因素进行研究，并在同年利用上海市 521 家上市公司的数据，探寻企业社会责任与企业价值之间的相关关系。研究发现，虽然在短期内企业承担的社会责任与企业价值负相关，但根据社会资本理论与关键利益相关者理论，长期范围内承担社会责任并不会降低企业价值。李昕将社会责任信息分为经济信息、环境信息、社会信息三个方面，并将其细分为直接经济影响、环境问题、产品责任、社会公益行为、劳工管理和劳工权益与人权等方面进行研究。文章利用理论分析与实证研究的方法，对社会责任信息披露与企业价值的相关性进行研究。结果发现，两者之间并没有显著的相关性。陈玉清、马丽丽对我国上市公司的社会责任信息的市场反应进行研究，同样发现两者之间的相关性不强，并将原因归于信息使用者不关注企业的社会责任信息披露，以及企业无法获得社会责任信息披露成本的补偿。

　　基于社会责任理论，上市公司承担环境绩效和披露成本，主动对外披露更多的环境信息，意味着上市企业愿意承担更多的环境保护责任。在生态文明建设的大背景下，此类行为有助于企业提高其在投资者和合作方中的品牌形象与信誉，进而降低成本、增加收入，以提升企业价值。现有研究中多数学者的结论也验证了。倪娟和孔令文从我国的"绿色信贷政策"入手，研究发现企业披露环境信息可以降低债务成本；张淑惠等的结论显示，环境信息披露质量的提升可以为企业带来正向的现金流量入，使企业获益。因此，上市公司环境信息披露质量与企业价值正相关。

第三节　环境信息披露对企业价值的影响

一、环境信息披露对企业价值影响的理论框架

关于环境信息披露对企业价值影响的原创理论分析，目前基本都来源于国外相关研究，国内关于这方面的理论研究还处于空白状态。理查森比较早地、系统地分析了企业环境信息披露行为对企业价值的影响机制。企业通过环境信息披露，可以从市场过程效应、现金流量效应和折现率效应三种渠道。影响企业价值。市场过程效应即环境信息披露能够降低信息不对称的程度，减少投资者对企业预期现金流量不确定性的评估，降低交易成本，影响企业债务工具与权益工具的运作，发挥信息对资本市场的资源配置功能。现金流量效应即环境信息披露能够降低未来的环境诉讼成本和环境恢复成本，最大化环保项目的净现值，同时减少未来的政府管制成本，增加顾客对企业产品的需求。折现率效应即环境信息披露能够反映企业积极承担环境受托责任的程度，满足投资者对企业承担环境保护责任的期望，因此投资者愿意对绿色企业进行投资，并能够接受较低的投资报酬率。根据企业价值估值理论，要想估计企业价值，关键是要预测企业权益资本成本和预期现金流量。因此，环境信息披露通过三种渠道对企业价值产生的影响，可以归结为环境信息披露对企业权益资本成本和预期现金流量的影响两个方面。因此，探索环境信息披露质量与企业价值的关系，可以分别从环境信息披露质量与权益资本成本、预期现金流量的关系角度进行分析。

关于环境信息披露质量与权益资本成本之间关系的研究成果比较丰富，多数学者从提高环境信息披露质量可以提高证券流动性与提升未来收益的预测精度这两个方面，得出环境信息披露质量与权益资本成本负相关的结论，即提高企业环境信息披露质量能够降低企业的权益资本成本。巴里、布朗和朗伯阐述了环境信息披露质量通过对企业权益资本成本的直接或间接影响，从而与企业价值发生关联。郎伯构建了环境信息披露质量影响权益资本成本的模型，从现金流量的角度分析推导出环境信息披露质量对企业权益资本成本有直接影响与间接影响，得出提高环境信息披露质量可以降低企业权益资本成本的结论。直接影响为环境信息

披露质量可以影响资本市场参与者对企业预期现金流量分布情况的评估，减少投资者对企业投资回报的预期风险，降低投资者所要求的投资回报率，而本质上并不影响现金流量；间接影响为环境信息披露质量可以降低企业内部和外部不同利益相关者之间的信息不对称程度，提高证券流动性，降低相关交易成本，提高企业透明度，改变企业的现实决策，真正影响预期现金流量的分布情况。

　　关于环境信息披露质量与预期现金流量之间关系的研究相对较少。卡朋提尔和欧文等分析了环境信息披露质量通过对企业预期现金流量的直接或间接影响，进而与企业价值发生关联。环境信息披露体现着企业对环境问题的关注和重视，对环境保护责任的认可与履行，对减少污染、节能减排的可靠承诺。企业通过提高环境信息披露质量，一方面可以减少投资者的环境投资风险，打破一些国家和地区的环境壁垒，赢得更多的投资机会和更广阔的市场前景，这对企业的成长发展显然是非常有利的，能够增加企业的预期现金流量；另一方面可以形成企业绿色商誉，树立企业良好的环境保护形象，减少环境诉讼和顾客对企业产品的抵制行为，增加顾客的需求量，提升顾客的忠诚度与满意度，进而增加企业的预期现金流量。汉密尔顿和齐尔伯曼证明了环境保护活动能够增加企业顾客需求量，获得绿色商誉，进而增加企业收益。

　　企业披露环境信息的行为是怎样对企业的价值产生影响的呢？通过怎样的途径进行影响？环境信息披露质量与企业价值之间的内在关系及其作用机制到底是怎样的？图 5-1 为环境信息披露对企业价值影响的理论框架。

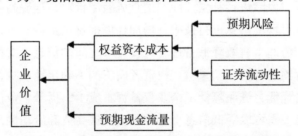

图 5-1　环境信息披露对企业价值影响的理论框架

　　由图 5-1 可知，企业的环境信息披露行为主要通过两个途径对自身价值产生影响。第一个途径是企业通过披露环境信息对权益资本成本产生影响，进而影响企业价值；第二个途径是企业通过披露环境信息对预期现金流量产生影响，进而影响企业价值。企业价值是企业未来现金流量的现值，大多学者广泛地采用现金流量折现的方法估计企业价值。企业估值的现金流量模型如下：

$$实体价值 = \sum_{t=1}^{\infty} \frac{实体自由现金流量t}{(1+加权平均资本成本)^{\wedge}t}$$

由上面的计算公式我们也可以分析出，影响企业价值的主要因素有两个，分别是企业加权平均资本成本和实体自由现金流量。企业的环境信息披露行为正是通过影响企业加权平均资本成本和实体自由现金流量对企业价值起到作用。

（一）对企业加权平均资本成本产生的影响

企业的债务资本成本主要是银行或债券的利息，银行和机构投资者可以通过自己独有的渠道获得企业内部信息，并不依赖企业公开披露的信息。因此，企业的环境信息披露行为更多影响的是企业的权益资本成本，进而对企业价值产生影响。

（二）对权益资本成本产生的影响

对权益资本成本产生的影响主要表现在两个方面：一是影响投资者的预期风险，二是影响证券流动性。以下分别对这两个方面进行阐述。布朗认为，预期风险是指投资者在进行投资决策时，由信息不对称导致的对预测结果的不确定性。信息不对称的存在导致投资者不能全面地了解企业的环境信息披露行为，使投资者面临较大的投资风险，因此投资者要求更高的投资报酬率，从而提高了企业的权益资本成本。莫顿研究发现，当企业的披露行为不能满足投资者的要求时，企业需要对投资者的风险进行补偿，即"信息风险溢价"，这提高企业的权益资本成本。企业通过对环境信息进行披露，增加环境信息供给量，可以将环境信息向投资者进行充分传递，有效降低管理者与投资者之间的信息不对称程度，减少投资者对企业进行预测时的预期风险。投资者面临的不确定性减少，他们所要求的投资报酬率随之降低，进而降低了企业权益资本成本，提升企业价值。另外，企业进行环境信息披露可以降低信息不对称程度，提高证券流动性，从而降低权益资本成本。投资者更青睐于环境信息披露质量较高的企业，愿意对其进行投资，降低交易成本，增加股票需求量，进而提高公司的证券流动性，降低权益资本成本，对企业价值有良好的提升作用。

（三）对企业预期现金流量产生的影响

社会责任信息披露之所以会产生预期现金流量效应，可能基于以下三个方面的原因。

1. 社会责任项目的净现金流量估计

社会责任信息会产生对披露内容的快速价格反应效应，可能对上市公司有一个长期的现金流量影响。若公司做出保证不会污染环境的决定，相比未来法律诉讼成本和环境修复成本而言，这可能是一个促使净现金流量最大化的决定。关于环境成本会计的研究认为，我们可以以看待产品成本的眼光来看待环境成本，比如，公司实际成本会因社会责任的内部成本以及不能履行社会责任而导致外部成本上升。总之，投资者会根据披露的社会责任信息对社会责任项目的净现金流量有所估计，并影响到他们对公司预期现金流量和投资回报的估计，从而影响到企业价值。

2. 预计的未来监管成本

在美国，监管机构干预资本、产品和劳工市场的历史至少可以分为两个阶段。在第二次世界大战之前，大部分商业法律都被制定出来，用于保证市场功能的有效发挥（如有关反垄断、财务披露和股东权益的法律）。但是第二次世界大战之后，有关公司社会影响的法律对企业追求利润的行为强加了限制或者要求企业采取较高代价的行动来改善各方面的社会影响。

一般而言，这些有关公司社会影响的法律的出台往往是由特定的事件导致的，这些特定事件强调了公司经营的外在形象（如公司发生石油泄漏、化学爆炸事件或者对某些群体存在歧视）。相比政府监管，企业更倾向于自我监管的说法比比皆是。这种偏好可能是因为这两种对公司行为进行限制的形式有不同的现金流量效应。因此，在被监管的市场中，从事社会责任活动的决定可能是因为考虑了未来违反规定的成本或者没有满足监管者偏好的机会成本。社会责任信息的披露可能会被市场用来评估未来监管发生的可能性，并因此影响未来现金流量。也就是说，公司社会责任信息的披露可能会被当作受政府的监管，未来因违规而导致现金流量减少的风险增大的信号。

3. 预期的产品市场效应

虽然我们关注的焦点是社会责任及其信息披露对资本市场的影响，但是如果社会责任影响了对公司产品的需求，那么它也可能存在与产品市场的间接联系。社会责任及其信息披露可能通过消费者对于环境敏感型企业产品的接受或对违反环境保护法律法规产品的拒绝，来对产品市场产生直接影响。如果社会责任及其信息披露被用来作为抵制或接受某一产品的基础，那么它也会对产品市场产生间接影响，不论该产品的内在特性如何。在任何一种情况下，社会责任及其信息披露都会对公司产品的预期需求产生影响，因此影响公司的预期现金流量，而这种影响也会反映在资本市场的价格上。

企业积极地对环境信息进行披露，体现其在环境保护方面的积极态度，可以有效减少未来由环境诉讼、环境修复和环保处罚带来的经济损失，从而增加企业预期现金流量。在某些重污染行业中，企业通过污染治理可以使产出量增加，或者获得具有市场价值的副产品，也可以增加企业的预期现金流量。随着环境污染问题的日趋严重，环境保护理念深入人心，消费者更青睐于承担较多环境保护责任企业的产品，愿意购买环保产品，从而增加企业销售量，提高企业收入，进而增加预期现金流量。同时，增加环境信息供给量，可以树立企业良好的环境保护形象，提升顾客的满意度，增加企业预期现金流量。由此可见，企业通过环境信息披露，可以增加预期现金流量，进而提升企业价值。

二、环境信息披露对企业价值影响的因素

（一）企业价值

企业价值是企业属性、功能能够满足主体需要的关系，是企业对主体的一种效用，是企业效率的一个最好的评判指标。企业财务管理的目标经历了利润最大化、每股收益最大化、股东财富最大化、企业价值最大化的演变，尤其是在价值管理理念被提出以后，企业价值最大化的目标逐渐得到社会的认可。按照劳动价值论的观点，一项资产或产品的价值是由生产它所需要的社会必要劳动时间决定的，那么，企业价值就是由凝结在企业中的社会必要劳动时间来决定的。劳动价值论用社会必要劳动时间来衡量价值，却忽略了市场供求关系对价值的重要影响。均衡价值论在劳动价值论的基础上提出，企业价值由市场供求关系进行调节，均衡价值是市场供求双方达到均衡状态时的价值。按照效用价值论的观点，一项资产、产品或劳务的价值是由其对消费者的效用决定的，企业价值是企业对投资者的效用，由企业的获利能力来最终决定。现代财务估价理论则认为，企业价值是企业未来现金流量的折现值，它与企业的未来现金流量成正比，与企业的资本成本成反比。随着期权估价模型的出现，一些学者将未来机会的价值纳入企业价值中，他们认为企业价值是企业当前获利能力的价值与潜在获利机会价值之和，这就可以合理解释一些企业当前虽处于亏损状态，但具有强劲的发展潜力，因而目前的企业价值很高的现象。

企业价值是客观存在而又动态变化的，人们虽然对企业价值的认识逐渐全面

且深刻，但无法精确地计量出企业价值。企业价值是评判企业效率的最好指标，追求企业价值最大化是企业持续发展的目标。可是，企业价值的评估仍然是一个难题，我们只能根据目前可获得的信息，选择恰当的评估方法，对企业价值进行评估。

面对激烈的市场竞争、复杂的社会矛盾以及严重的环境危机，人们开始重新界定企业的角色。企业使用了社会的资源，应当履行经济责任、社会责任、环境保护责任，在履行责任中实现企业的价值与使命。企业从单纯追求经济效益的最大化到追求经济效益、社会效益、生态效益的协调统一，最终形成企业与社会互利共赢、和谐稳定、持续发展的局面。

契约理论认为，企业是一系列契约关系的耦合体，无论是通过隐性的契约还是通过显性的合同与企业发生关联，都是企业的利益相关者，企业的生存发展需要满足利益相关者的需求。追求企业价值最大化，就是追求利益相关者的利益最大化，即实现企业的所有者、债权人、经营管理者、员工、供应商、经销商、顾客、社区、环境等方面的利益最大化。

企业价值有四种表现形式，包括账面价值、市场价值、清算价值、内在价值等。账面价值是以历史成本为主要计量属性，根据企业会计准则编制的财务报表中反映的资产的价值。市场价值是将整个企业视为一件商品，企业在市场上交易时的市场价格，而这个市场价格可能是公平的也可能是不公平的。清算价值是企业破产清算时企业资产的可变现价值。内在价值是公平的市场价值，是企业未来预期现金流量的折现值。企业价值评估是对企业内在价值的评估，主要的评估方法有账面价值评估法、相对价值评估法、现金流量折现法与期权股价法等。对企业价值的计量，可以采用相对价值估价法，在分析环境信息披露与企业价值的相关性时，采用现金流量折现法，即从预期现金流量与权益资本成本两个方面，分析环境信息披露对企业价值的影响。

（二）公司治理

自委托代理理论诞生以来，公司所有权和经营权相互分离，逐渐成为企业正常生产经营活动运行的形式，不过也产生了相关的代理成本，这使得公司内部股东和经理之间多了一层不可避免的矛盾。公司治理也随之应运而生，一个良好的公司治理结构可以有效缓和由两权分离带来的各种矛盾以及降低相关成本问题。从广义的角度来看，公司治理是一门研究如何安排企业当中权力分配问题的科学。而从狭义的角度来讲，公司治理是一种制度的安排，这种制度安排主要达到使得股东、董事和管理层之间的权利与义务相互制衡的目的。而夏尔夫和维什尼提出，公司治理是一种投资者如何从管理者手中收回必要报酬的机制。国内学者也有对公司治理的不同理解和解释。林毅夫认为，公司治理实际上是一套为了取得更高效公司经营过程和更好的企业绩效而进行监督和控制的制度安排，并且特别强调了每一个企业都应该根据自身的实际情况设计和实施特定的公司治理制度，各企业的实际差异并没有能够适应所有企业的单一治理结构。陶世隆认为，公司治理概念是多角度的、多层次的，并不能用几句话解释。同时，他也将公司治理分为广义和狭义两个层次。从狭义的角度来讲，公司治理是帮助企业股东监督和控制受委托代理公司经营过程的机制，其目标是让股东财富最大化，避免逆向选择和道德风险。这种机制主要从股东大会、董事会、监事会以及管理层等方面进行实施。而从广义的角度来讲，公司治理不仅包括企业内部治理结构的安排，还应当将政府、公众、供应商、债权人等外部利益相关者考虑在内。

目前，学术界对公司治理包含在内的研究中，对公司治理的衡量方法主要有两类，一类是选取狭义的公司治理结构中的单一角度进行量化；例如，毕茜在研究公司治理对环境信息披露的影响效果时，分别选取控股股东性质、董事会特征和监事会特征三个方面来代表公司治理水平。这种方法运用起来相对简单直观，只需要选取若干内部治理结构变量进行研究即可，只不过不同学者在各自研究中的角度和方向不同，利用的变量种类和数量会有一定区别。另一类则是通过选取若干内部治理指标构建一个相对全面且平衡的公司治理指数来衡量整体的公司治理水平。白重恩和郝臣等都通过选取股权结构、董监会规模、经理特征等公司治理结构因素构建了一个公司治理指数来作为对公司治理的衡量。张会丽认为，由于公司治理是一系列监督协调各方利益的制度安排，很难用单一的指标去反映公司整体的治理水平。因此，利用主成分分析法构建一个能够反映公司综合治理状况的公司治理指数。

公司治理是一种减缓企业委托代理成本，提高企业经营效率和管理水平的制度，对企业的生产经营以及企业的利益相关者都具有积极的意义。可以说，公司治理对公司正常持续的经营起到了监督的作用，因此一个经过合理设计、合理优化过的公司治理结构，能够对企业短期和长期的经营成果以及市场价值产生举足轻重的影响。企业披露环境信息是需要付出适当的成本和代价的。如果企业披露了良好的环境信息，那么需要为得到良好信息所付出的实际行为付出成本，如环保设施的投资、污染处理成本等，如果企业披露不好的环境信息，那么企业需要为潜在的成本付出代价。

　　因此，不管是良好的信息还是不好的信息，都需要付出一定的成本。但如果当公司治理水平不够高的时候，道德风险更高，经理人更多地会为自身利益考虑，对披露环境信息的成本进行削减，影响了环境信息的披露程度，从而影响环境信息对价值影响的传递效率。此外，有较多文献研究了公司治理对环境信息披露或者公司治理对企业价值的影响关系，并得出了相关的结论，但是就公司治理在环境信息披露对企业价值的影响过程中所起的作用，并没有人进行研究。因此，本书将探讨公司治理对环境信息披露影响企业价值过程中所起到的调节作用。本书主要选取独立董事比例、股权集中度、董事会规模和管理层持股比例四个方面对公司治理因素进行分析。企业董事会当中通常都会从外部聘请独立于企业的人员来对企业的正常经营决策进行监督，这就是独立董事制度。对于上市公司而言，证监会的规定是，独立董事的比例不可少于全部董事人数的三分之一。独立董事对企业的监督更具有公正性，监督管理层的工作时考虑得更加全面，对外部政策和压力因素更具敏感性，对利益相关者的关注范围更广。同时，独立董事对管理层做出的欺骗性行为具有更强的洞察力，更可能发现企业的舞弊行为。但是，从环境依赖理论来看，企业存在于诸多因素不确定的环境里，需要及时响应和应对环境的变化，而在此时如果独立董事比例过高将会导致响应速度变慢，特别是在专业素质并没那么高的时候，并且国内对内控建设没有很高的重视，导致对独立董事制度的设计与实施并不是很科学高效，从而使得独立董事并没有发挥应有的作用。所以，独立董事比例的增加可能会影响环境信息披露对企业价值的传递效率，且这样的影响是负向的。因此，独立董事比例的增加将会抑制环境信息披露对企业价值的积极影响效果。

　　公司的所有权属于所有的股东，股东享有利润分享权，而把经营权出让给经理人并由其对企业进行日常经营管理。信息披露这项工作主要由经理人来完成，用以向股东以及其他利益相关者汇报公司经营业绩和具体的重要事项。当股东当中有一方掌握着公司大多数的股份时，便会形成单一股东就能够控制企业的情形，而在这种"一股独大"的情形下，更容易出现大股东为了追求更大的利益会不择手段地侵害少数股东的正常权益。此时，披露环境信息的主动权更多地被掌握在大股东的手里，大股东可能会利用自身的控制权影响经理人对环境信息的披露质量，从而导致环境信息的对外传递效率降低，环境信息披露质量对价值的影响效果大打折扣。因此，股权集中度的增大将会削弱环境信息披露对企业价值的积极影响效果。

　　监督管理层日常经营决策以及日常管理事务是董事会的主要职责，董事会能够从一个较为客观公正的角度对管理层的职责工作进行评价以及督察，能够有效提高管理层对待工作的积极性，以及更加投入地考虑企业的社会声誉和企业形象，从而对经营绩效之外的其他方面有更好的重视，包括对与环境相关的关注。在董事会的监督压力之下，管理层对待环境信息披露的态度会更加积极，因此在董事会人数适当增加的情况下，这样的压力会更大，从而对管理层的责任监督更加强烈，管理层对环境信息的提供更加有效和真实。因此，董事会规模的增加将会促进环境信息披露对企业价值的积极影响效果。基于委托代理理论，作为企业日常事务的主要决策人，管理层将对企业的经济效益产生直接影响，奖励和监视不当将可能导致道德风险的提升。股权激励是常见的经理人奖励的方式，能够较好地降低经理人的目标偏离所有者意愿的程度。而持有股权份额较多的经理人会比持有股权份额较少的经理人更有可能将公司的长期利益当作主要目标，不单单只考虑近期的个人利益。出于这个考虑，可以推测持股比例较高的经理人在信息公开的积极性上会更高，考虑更长远的利益发展，从而能够增强环境信息披露对企业价值的影响效果。因此，管理层持股比例的增加将会增强环境信息披露对企业价值的积极影响效果。

（三）企业的市场化程度

在张淑惠等研究的基础上，本书将环境信息披露对企业价值的影响归纳为经济收益效应和社会认同效应。在经济收益效应方面：①企业通过具体措施优化管理结构，推动环境技术的革新，从而提高生产效率，减少污染物的排放和污染治理成本，增加企业利润；②企业注重绿色生产和环境治理，可以减少排污费、资源税、环保罚款等，获取政府的环保补助和奖励，降低生产成本，从而增加利润。企业不断意识到环境信息公开的成本小于其带来的经济效益，才能更有动力提高环境信息披露质量，进而带动"成本－收益"的良性循环。在社会认同效应方面：①投资者通过披露环境信息，可以洞察企业的运营状况，进而树立投资信心，企业以较低的成本吸引资金的流入，促进企业价值的提升；②环境信息的传递会提高金融机构对企业信用的评估水平，便于企业融资，降低利息成本；③随着环保意识的深入人心，消费者更倾向于购买绿色产品，企业注重环境保护并及时将信息传递给大众，有利于获取"绿色竞争优势"，提高消费者对该企业的社会认同感。

环境信息涉及企业的环境绩效和污染物排放，也关系到环境战略和公司治理，对企业的可持续发展产生重要影响。泊特等认为，企业的利润增长与社会福利之间并不是零和博弈的关系，一方面，社会责任的承担和良好的环境表现有利于企业占领更大的市场份额，形成独特的竞争优势，进而促进企业的长期发展。另一方面，加强企业内部的环境管理可以降低由负面影响造成的高额无形成本，降低企业的风险，提高企业可持续发展的能力。

一般来说，市场化主要体现在法律制度、经济发展、生产效率、资源要素的优化配置等方面。市场化程度较高的地区有着完善的法律和交易规则，在这些外部压力下，企业必须承担相应的社会责任，注重与周边生态环境的和谐相处，积极公开环境信息，努力建立健全环境管理制度，否则将可能面临政府及相关行业组织的严厉惩罚，增加成本支出，从而损害企业利益。相反，市场化程度较低的地区各方面体制不健全，政府出于经济发展等因素的考虑，往往会放松企业在环境方面的管制，间接导致企业环境信息披露的表现较差。彭钰等通过对2009—2012年沪深股市的上市公司的研究发现，处于市场化程度较高地区的上市公司愿意披露更多的环境信息。结合学者研究发现，市场化程度较高地区的企业行为同质化现象严重，即大多数企业有着相同或相似的环境表现，即环境信息披露质量普遍较高，但对企业价值的贡献并不显著。而在市场化程度较低的地区，环境信息披露质量的提高会更大程度地促进企业价值的提升。例如，某公司处于市场化程度较低的地区，并注重环境治理和相关信息的公开，使得该公司在环境信息披露质量较低的众多企业中脱颖而出，更容易提升公司的外部形象，从而带来企业价值的大幅度提高。因此，企业所处地区的市场化程度越低，环境信息披露对企业价值的促进作用越显著。

（四）企业的组织可见度

利益相关者理论认为，企业的成长离不开利益相关者的支持，他们的诉求也是影响企业各类经营决策行为的重要因素。在诸多利益相关者，特别是媒体和分析师高度关注的情况下，环境信息披露能向利益相关者传递出企业履行环境保护责任的信号，消除利益相关者对重污染行业上市企业环境绩效的误解和担心，提升其组织可见度。相关文献证明了这一点，鲁普利等发现，高质量的环境信息披露与媒体关注度显著正相关；刘彦来等认为，企业社会责任表现对分析师跟进程度具有正向影响。

与此同时，在资本市场中，投资者与企业之间的信息不对称性产生了额外的交易成本，且企业内部存在的代理成本也造成了一定的价值损失；而企业组织可见度的提升一方面可以给企业带来"名牌效应"，降低公司与投资者间的交易成本，另一方面还可以使企业受到外部更加严格的监督，减少公司内部的代理成本，从而提升企业价值。

国外学者也从两个方面进行了论证。第一，经验证据表明，投资者更有可能购买他们熟悉的股票，较高的组织可见度可以吸引投资者提高对公司的关注度，使该公司的股票被投资者熟悉，还有助于增强投资者对公司未来发展前景的信心，这会为其股票带来额外的流动性，而流动性的提高往往能提升公司的股票价值；组织可见度的提高还降低了基金经理、内部人士和外部投资者之间的信息不对称性，较高的信息透明度降低了该公司投资者所需的必要回报率，即降低了融资成本，从而使企业价值得以提高。第二，组织可见度较高的企业通常会受到更高级别的审查，降低内部代理成本，进而提升企业价值。因此，环境信息披露通过提高组织可见度正向作用于企业价值，组织可见度在环境信息披露对企业价值的影响中存在中介效应。

（五）企业所有权性质

基于利益相关者理论，环境信息的披露能否为企业带来组织可见度的提升，主要取决于企业利益相关者对企业行为的诉求与期望，利益相关者越关心企业的环境保护责任，则企业披露环境信息便能有效地作为与利益相关者对话和沟通的渠道，带来组织可见度的提升；反之，则不会产生效果。

来源于政治经济学的合法性理论也是环境信息披露研究的一个重要理论依据。利益相关者对企业的合法性诉求也常被用于解释企业披露环境信息的行为动因，企业能否满足该合法性诉求也将影响其组织可见度。结合我国的国情，国有企业几乎占据着关乎国计民生的重要领域，是执行国家战略方针的排头兵，理应积极响应国家出台的各项环境保护政策，投入更多的环境绩效，利益相关者也往往对其环境表现具有很高的期望。因此，国有企业通常会主动披露高质量的环境信息以满足利益相关者的期望以及合法性要求，这从结果上给他们带来更高的社会声望和组织可见度，使企业从中获益。而非国有企业自身的目标是实现利润的最大化而不是履行社会责任，现行的法律制度和社会背景也并未对其披露环境信息的行为提出具体的强制性要求，其利益相关者更在乎企业获取利润的能力而非其披露环境信息的行为，故对于非国有企业而言，披露的环境信息可能无法给其带来组织可见度和企业价值的提升。因此，环境信息披露通过组织可见度影响企业价值仅体现在国有企业中。

三、环境信息披露对企业价值的现实影响

（一）扩大市场份额

环境信息披露通过扩大市场份额提高企业价值的主要途径有两个：一是通过生产环保型产品来满足消费者的需求；二是通过对污染物的处置产生额外附加产业来扩展企业的产品链。随着社会经济的发展，人们的环保意识不断加强，消费者在购买产品时越来越重视环保，环保型产品更容易获得消费者的喜爱。欧洲的一项调查显示，超过半数的居民表示拒绝购买不主动承担环境保护责任企业生产的产品。在买方市场上，企业应该以消费者的需求和偏好为导向，生产适销对路的产品，只有这样才能抓住消费者的心理，增加营业收入，扩大市场份额，为企业创造更多的经济收益。例如，比亚迪股份有限公司专注解决石油带来的环境污染问题，生产环保型产品，在消费者心中树立了良好的形象，带来了巨大的消费市场，增加了营业收入，从而提高了企业价值。如果企业以利润最大化为唯一目标，置消费者的需求和偏好于不顾，不履行企业应该承担的社会环境保护责任，则消费者会对该企业产生抗拒心理，导致购买力下降，最终导致市场份额缩减，营业收入减少，从而不利于企业价值的提升。

污染物被称为"放错位置的资源"，其中含有很多有价值的东西，企业在治理污染的过程中，通过一系列措施把污染物进行资源化，如果方法得当，投入的成本小于资源化产品的价值，则可以扩展企业的产业链，将这些资源化的产品用于外销或自用，从而扩大自身的市场份额，产生环境收益。

（二）降低融资成本

一般来说，经营能力较好的企业更有可能去关注环境管理制度的运行、环保技术的研发与投入、环境治理等问题，而经营能力较差的企业可能会把更多的焦点放在企业的生存上。因此，投资者可以从企业披露的环境信息中间接了解企业的运行状态和发展潜力，环境信息披露也就成为企业与市场沟通的一种重要媒介。

如果某企业用于环境方面的支出占比较大，更倾向于生产环保型产品，有着较好的环境表现，则投资者可能会认为企业的盈利能力较强，更容易增强投资者的信心，获得较多的外部资金，从而降低融资成本。金融机构在对企业进行贷款时，通常会调查企业的征信记录、资产实力、还款能力等。环境信息披露质量较高的企业有着更好的环境表现，一方面表明企业有更多的资金用于环境保护方面，从侧面反映出资产实力的雄厚；另一方面表明公司受到环境的影响较小，提高了

企业预期发展的稳定性，从而在一定程度上提高了还款能力，金融机构收回款项的风险降低，会提供给这些企业更低的利率和价值更小的担保进行贷款，降低企业的融资成本，提升企业价值。

（三）获取优惠补贴

环境信息披露的质量决定企业与政府的沟通效率，政府一般会根据企业披露的环境信息决定其税率，并根据环境表现给予一定的环境保护补贴。近年来，党和国家对环境问题越来越重视，对生态文明建设的呼声越来越高，一些法律政策的出台越来越偏向于环境保护型企业，企业的环境信息披露行为得到了政府的大力支持。在增值税方面，合同能源管理企业、污水处理企业、供热企业免征增值税，风力、水力发电和资源的综合利用等企业的增值税即征即退。在企业所得税方面，节能、环保、安全生产等设备按照规定予以抵免。这些税收优惠将会直接降低企业的运营成本，提高经济利润，进而提升企业价值。

第六章　环境信息披露对企业价值影响的实证分析

本章对已得到的相关数据进行实证检验并且对回归结果做出分析，为验证假设是否成立提供了数据支持。检验过程主要包括描述性统计、相关性分析和回归结果分析，之后为了提高结论的可靠性，利用两种方式对其进行了稳定性检验。

第一节　描述性统计

一、环境信息披露对企业价值影响的实证研究设计

（一）变量设计

1.解释变量设计

为衡量环境信息披露质量，本节选取的自变量如下。

（1）环境信息披露质量（EDI）

环境信息披露质量是衡量企业环境报告有用性的主要标准，主要是以反映环境报告披露事项的全面性、相关性和准确性判断环境信息披露效用的高低。环境信息披露的内容一般包括环境绩效、资源消耗、废弃物和污染物排放等。参考刘丽、王芸等的研究方法，以和讯数据库给出的企业环境信息评价结果衡量环境信息披露质量，该评价体系包括对企业环境和社会责任等内容的评价。

（2）环境与可持续发展披露（GRI）

反映上市公司是否参照《可持续发展报告指南》披露环境与可持续发展情况。现有研究多采用内容分析法衡量环境与可持续发展的披露情况，该方法主要参考上市公司企业社会责任报告和年度报告附注等资料，其具体关注的内容包括环保

标准、污染治理措施和环境与可持续发展举措等。将环境与可持续发展披露设为虚拟变量 0 和 1，当上市公司参照《可持续发展报告指南》披露环境与可持续发展时，变量取值为 1，否则为 0。

2. 被解释变量设计

本节选取企业价值作为被解释变量。企业价值即企业本身的价值，它是企业各类资产的综合市场评价，具有复杂性和动态性。目前学者常用的评估指标主要有会计指标和市场指标两种。企业价值评估指标如表 6-1 所示。

表 6-1　企业价值评估指标

类型	机构
会计指标	总资产报酬率、投资收益率等
市场指标	股票市值、托宾 Q 值等

目前采用较多的企业价值评估指标有托宾 Q 值、股票市值、预期现金流量、权益资本成本等。考虑到会计指标难以快速反映企业变化情况且容易被操控利用，这里主要选取市场指标"托宾 Q 值"对企业价值进行衡量。

3. 调节变量设计

（1）应规披露（RDI）

参考陈国辉对披露性质的研究，应规披露、自愿披露或不披露是上市公司报告社会责任的不同形式。当上市公司被划为应规披露环境信息公司时，变量取值为 1，否则为 0。

（2）股权性质（Nature）

由于国有企业对承担环境保护责任常常表现出较高的积极性，可能影响环境信息披露与企业价值之间的关系。当企业的股权性质为国企时，变量取值为 1，否则为 0。

（3）机构投资者（Ins）

根据机构投资者的投资理念以及机构投资者与被投资企业之间的关系，可将机构投资者划分为独立型机构投资者和非独立型机构投资者，并进一步分别考察两类机构投资者的调节作用。其中，独立型机构投资者是指具有价值投资理念且与被投资企业只有投资关系的机构投资者，而非独立型机构投资者是指可能有谋取私利目的且与被投资企业有商业依赖关系的机构投资者。机构投资者类型如表 6-2 所示。

表 6-2　机构投资者类型

类型	机构
独立型机构投资者	证券投资基金、社保基金、合格境外投资者
非独立型机构投资者	综合类券商、保险公司、信托公司、财务公司和其他机构

（4）政府环境规制（Gov）

政府规制是指政府通过颁布法律法规等确立相应的规则，再通过各部门间的配合运用一定的方式来落实，主要有鼓励引导和强制约束等方式。现如今在我国高质量发展的时代背景下，每个企业必须重视社会责任的履行，这个时候政府规制就显得尤为重要。只有通过政府对市场整体氛围进行引导，才能有效避免市场失灵状况的发生。

随着我国经济的高速发展，与环境信息披露相关的制度还不够完善，政府先后出台政策来对现有情形进行调整。相关研究也一直在跟进，现阶段的研究主要聚焦于政府如何通过颁布法律法规等对企业行为进行约束，以及企业在市场中的行为受政府规制的影响等方面。而政府环境规制在上市公司环境信息披露质量价值效应上，研究表明，政府对于环境的管制和调控对上市公司环境信息披露质量有极为重要的影响。就环境信息披露质量对企业价值的影响来看，不同的政府环境规制有巨大的差异。与宽松的政府环境规制相比，在政府管理和约束较严的地区，企业环境保护社会责任的执行情况更受利益相关者的关注，因为更强的政府管制意味着更严格的市场氛围，也意味着更高的违规成本。为了保证自身利益不受侵害，在政府管制较为严格的区域，利益相关者对其关注更多，那么环境信息披露质量较高的企业也更容易被看到，因此能够吸引更多投资者，获得更高的市场价值。

本节借鉴宋晓华的研究，选取"城市污染源监管信息公开指数"（PITI 指数）中的数据来对政府环境规制进行衡量，以更好地探究政府环境规制的调节作用。

（5）媒体关注度（Media）

当今大数据时代的发展扩大了媒体的影响力，许多事件可以通过媒体的即时报道快速发酵，因此社会媒体被称为外部监督的一大来源。现如今许多研究表明，媒体关注度会在很大程度上突出企业履行社会责任的情况。当企业履行社会责任时，媒体关注会使其正面影响扩大，有助于企业提高社会声誉，更进一步督促企业在未来提高环境信息披露质量；当企业未能按规定或社会对它的期望履行社会责任时，媒体关注度也会放大其负面影响，使企业的社会声誉受损情况更加严重。

企业环境信息披露与企业价值研究

因此，企业也不得不在未来更加注重社会责任的履行和信息的公开透明，来试图改变市场对它的负面印象。因此，对于媒体关注度更高的企业，其环境信息披露质量较高时，传递给外界的积极信号将会更显著，更有助于企业社会声誉的提升，进而提高企业价值。

本节研究将利用 Python 爬虫技术对网络信息进行搜集，来获取媒体关注度的相关数据。首先，对媒体关注企业环境的相关新闻进行查阅归纳，整理出爬虫所需要的关键词，如"环境""环保""节能""减排"等。其次，在百度、腾讯、搜狐等新闻中搜索所研究公司的名称或代码，得到一系列搜索结果。再次，利用 Python 软件的爬虫功能对搜索结果中的关键词进行抓取。该方法的评分单位为 1 分，即没搜索到一条含关键词且符合条件的新闻积 1 分。最后，对分值进行加总，从而得到媒体关注度这一变量数据。

4. 控制变量设计

根据近年来国内外学者的相关研究可知，企业价值的影响因素是多方面的，最主要的因素就是企业的盈利能力和研发能力。税收政策、运营能力、成长能力等因素也会影响企业价值，因而选取税收政策、盈利能力、研发能力等相关指标作为控制变量进行分析。本节涉及的全部变量的解释与说明如表 6-3 所示。

表 6-3 变量的解释与说明

变量类型	变量名称		变量符号	变量计算方法和说明
解释变量	环境信息披露质量		EDI	各级指标分数汇总
	环境与可持续发展披露		GRI	是否参照《可持续发展报告指南》披露环境与可持续发展
被解释变量	企业价值		TQ	市值/总资产
调节变量	应规披露		RDI	应规披露取值为1，否则为0
	股权性质		Nature	国有企业取值为1，否则为0
	机构投资者	机构投资者	Ins	独立型和非独立型机构投资者持股比例之和
		独立型机构投资者	Insr	证券投资基金、社保基金、合格境外投资者持股比例之和
		非独立型机构投资者	Inss	综合类券商、保险公司、信托公司、财务公司和其他机构投资者持股比例之和
	政府环境规制		Gov	城市污染源监管信息公开指数
	媒体关注度		Media	Media=Ln（抓取新闻数量得分+2）

续表

变量类型	变量名称	变量符号	变量计算方法和说明
控制变量	税收政策	Tax	所得税费用 / 利润总额
	运营能力	Oper	营业收入 / 平均资产总额
	盈利能力	Roe	净利润 / 平均股东权益余额
	研发能力	Tech	研发投入 / 营业收入
	成长能力	Grow	（净利润本年金额、净利润上年金额）净利润上年金额
	企业规模	Size	总资产的自然对数
	资产负债率	Lev	负债总额 / 资产总额
	第一大股东持股比例	First	第一大股东持有的股数 / 总股数
	行业	Ind	所属行业
	年份	Year	所属年度

（二）调节效应检验方法

调节效应检验是指检验两个变量相关性的强弱和相关关系的方向是否受第三个变量影响。调节变量模型如图 6-1 所示。

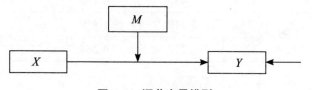

图 6-1　调节变量模型

变量 Y 与 X 的关系是变量 M 的函数，则变量 X 与 Y 之间的关系会受到第三个变量 M 的影响。具体方程如下：

$$Y = aX + bM + c(X*M) + e \qquad (6-1)$$

以 Y 对 X 的直线回归的形式来表示式（6-1），可得：

$$Y = bM + (a + c*M)X + e \qquad (6-2)$$

由式（6-2）可知，（$a+c*M$）是 Y 对 X 的回归系数。因此，M 影响 Y 与 X 之间的关系，e 衡量了 M 调节作用的强弱和方向。

二、环境信息披露对企业价值影响的描述性统计分析

（一）环境信息披露情况分析

1. 环境信息披露总体情况

表 6-4　环境信息披露的描述性统计

指标	满分	均值	标准差	最小值	最大值
环境资产	2	1.052	0.850	0	2
环境负债	2	0.601	0.749	0	2
环境权益	2	0.368	0.679	0	2
环境收入	2	0.912	0.856	0	2
环境费用	2	0.570	0.799	0	2
环境财务信息合计	10	3.503	2.590	0	10
环境资源耗用	3	0.591	0.816	0	2
环境管理活动	2	0.689	0.880	0	3
环境风险预防	2	1.430	0.495	1	2
环境管理信息合计	7	2.710	1.879	1	7
环境信息披露指数	17	6.212	4.264	1	16

　　如表 6-4 所示，从环境信息披露指数总分的统计结果来看，样本企业环境信息披露指数得分的均值为 6.212，标准差为 4.264，最小值为 1，最大值为 16，样本企业进行环境信息披露的整体水平较低，差异较大。说明样本企业进行环境信息披露的积极性不高、热情不足。从环境信息的分类来看，环境财务信息和环境管理信息的披露程度（均值 / 满分）差别不大，分别为 0.35 和 0.39，说明企业对环境财务信息和环境非财务信息的关注度差别不大。从二级指标的统计结果来看，环境资产信息和环境风险预防信息的披露质量较好，均值较高，分别为 1.052 和 1.430，而环境权益信息的披露质量较差，均值最低，为 0.368。说明样本企业对环境资产信息和环境风险预防信息的关注度较高，而对环境权益信息的关注度较低。

　　同时，在整理相关数据时还发现，从信息披露的渠道来看，样本企业主要是依附于年报中的董事会报告、社会责任报告及附注部分披露其环境信息，很少有

企业公布独立的环境报告。从信息披露的完整性来看，样本企业在描述环境信息时，大多都是简单的概括（定性信息），很少披露具体的数据情况（定量信息）。即使有具体的指标数值，也很少有企业会具体解释该数据的测量方法及计算基础。从信息披露的规范性来看，样本企业在进行环境信息披露时大多比较空泛、零散和随意，很少有企业引入第三方鉴定或者将自身的环境信息披露情况与同行业的国内国际标准进行比较。

2. 不同股权性质下环境信息披露情况

表 6-5　不同股权性质下环境信息披露情况

企业性质	样本量	均值	标准差	最小值	最大值
国有企业	123	6.449	4.512	1	15
非国有企业	70	6.081	4.112	1	16

如表 6-5 所示，国有企业的环境信息披露指数均值要略高于非国有企业的环境信息披露指数均值，说明国有企业的环境信息披露情况更好。

3. 不同行业环境信息披露情况

表 6-6　不同行业环境信息披露情况

行业	样本量	均值	标准差	最小值	最大值
采矿	8	5.625	3.740	1	11
电解铝	5	10.000	2.898	7	14
发酵	7	6.857	3.270	1	11
纺织	7	4.143	2.900	1	9
钢铁	12	6.500	3.926	1	13
化工	36	6.889	5.125	1	16
火电	14	6.571	3.499	1	14
建材	6	7.167	4.099	1	11
煤炭	13	6.846	4.365	1	15
酿造	15	3.667	2.821	1	10
石化	5	4.600	4.758	1	14
水泥	6	9.000	4.796	3	15

行业	样本量	均值	标准差	最小值	最大值
冶金	24	5.833	3.848	1	15
造纸	6	7.833	4.059	3	14
制革	1	2.000	0.000	2	2
制药	28	5.571	3.793	1	14

如表 6-6 所示，电解铝行业的环境信息披露指数的均值最大，为 10.000，标准差较小，为 2.898，说明电解铝行业的上市公司的整体环境信息披露质量最高。水泥行业和造纸行业的环境信息披露指数的均值较大，分别为 9.000 和 7.833，说明水泥行业和造纸行业的上市公司也较重视环境信息披露。而制革行业的环境信息披露指数的均值最小，仅为 2.000，虽然该行业在本研究中仅涉及一家上市公司，但也说明了其环境信息披露质量较低。

采矿、纺织、酿造、石化、冶金、制药行业的环境信息披露指数的均值低于所有行业的指数均值（6.212），说明这些行业的环境信息披露情况较差。造成这种差异的原因可能是不同的行业面临的环境风险不同，承担的监管压力不同。应该加强对采矿、纺织、酿造、石化、冶金、制革、制药行业的环境监管。

（二）机构投资者情况分析

表 6-7　机构投资者的描述性统计结果

变量	样本量	均值	标准差	最小值	最大值
Ins	193	0.070	0.064	0.000	0.471
Insr	193	0.040	0.047	0.000	0.274
Inss	193	0.030	0.039	0.000	0.249

如表 6-7 所示，机构投资者的持股比例的最大值为 0.471，最小值为 0.000，说明不同企业的机构投资者持股比例相差较大。机构投资者的持股比例均值为 0.070，说明机构投资者对重污染企业的投资力度不大。机构投资者可能更倾向于多元化的投资以分散投资风险。独立型机构投资者的持股比例均值为 0.040，略高于非独立型机构投资者，说明独立型机构投资者的参与程度更高。

（三）其他变量的统计分析

环境信息披露对企业价值影响的实证研究中其他变量描述性统计结果如表

6-8 所示，可以从这几项指标分析变量的分布情况。

由表 6-8 可知，被解释变量 TQ 的最小值为 0.83，最大值为 8.38，二者之间有较大差值，而均值只有 2.16，且被解释变量标准差为 1.42，说明重污染企业的企业价值差距较大，高低悬殊。

EDI 标准差为 0.20，说明整体来看环境信息披露质量差距较大，且披露质量均较低，说明现阶段不仅要统一标准，还要督促各企业大力提升环境信息披露质量。

Gov 在 24.60—79.60 分布，均值为 56.86，说明现阶段政府环境规制具有一定的成效，但由于各地管制差异较大，不同企业受到规制的严格程度有显著区别，政府管理体制仍需进一步完善。

同样，Media 也出现了差异过大的情形，说明对于不同企业，媒体给予的关注度是不同的，因此仍需进一步号召整个社会对环境保护的关注，尽可能使全行业避免任何违背环保义务的现象出现。

表 6-8　其他变量的描述性统计结果

变量	样本量	均值	标准差	最小值	最大值
TQ	2254	2.16	1.42	0.83	8.38
EDI	2254	0.41	0.20	0.03	0.92
Gov	2254	56.86	13.83	24.60	79.60
Media	2254	3.28	0.89	0.69	4.92
Size	2254	22.63	1.34	20.11	26.31
Lev	2254	0.40	0.20	0.06	0.84
First	2254	35.21	14.51	9.08	74.57
Grow	2254	0.13	0.28	-0.42	1.93
Nature	2254	0.43	0.49	0.00	1.00

第二节　相关性分析

首先，对各变量进行 Pearson 相关性分析，初步判断环境与可持续发展披露、环境信息披露质量与企业价值的关系。主要变量的相关性分析如表 6-9 所示。

其中，GRI 与 TQ 之间的相关系数为 -0.082，在 1% 水平显著相关，EDI 与

TQ 之间的相关系数为 0.071，在 1% 水平显著相关，初步说明环境信息披露与企业价值之间存在显著的相关关系。RDI 和 Nature 对 TQ 的直接影响水平显著。但相关性分析仅为单一变量分析，还应控制其他相关变量，对环境信息披露与企业价值之间的关系做进一步的回归分析。

表 6-9　主要变量的相关性分析

变量	（1）	（2）	（3）	（4）	（5）	（6）	（7）	（8）	（9）
（1）TQ	1.000								
（2）GRI	−0.082*	1.000							
（3）EDI	0.071*	0.241*	1.000						
（4）RDI	0.078*	0.455*	0.359*	1.000					
（5）Nature	−0.153*	0.161*	0.185*	0.318*	1.000				
（6）Size	−0.381*	0.273*	0.438*	0.474*	0.463*	1.000			
（7）Lev	0.212*	−0.045*	0.033*	0.037*	0.085*	0.012	1.000		
（8）Grow	0.001	−0.003	−0.013	−0.021	−0.034*	−0.002	0.007	1.000	
（9）Roe	0.008	0.121*	0.017	0.019	−0.022	0.010	−0.117*	0.022	1.000

注：*$p<0.05$。

其次，通过方差膨胀系数（variance inflation factor，VIF）检验变量之间是否存在多重共线性。当变量的 VIF<10，容忍度 >0.1 时，我们认为变量之间不存在多重共线性。VIF 多重共线性检验如表 6-10 所示。

从表 6-10 中可以看出，所有变量的 VIF 均不超过 10，VIF 均值为 1.430，表明变量之间不存在严重的多重共线性问题，可以进行回归分析。

表 6-10　VIF 多重共线性检验

变量	VIF	容忍度
GRI	1.310	0.766
EDI	1.460	0.684
RDI	1.600	0.624
Nature	1.330	0.754
Size	1.940	0.516

续表

变量	VIF	容忍度
Lev	1.400	0.716
Grow	1.070	0.937
Roe	1.330	0.755
均值	1.430	0.699

此外，通过实证分析可知，企业价值（TQ）与机构投资者（Ins）、独立型机构投资者（Insr）、研发能力（Tech）显著正相关，与股权性质（Nature）、企业规模（Size）显著负相关，与非独立型机构投资者（Inss）、税收政策（Tax）、成长能力（Grow）不相关。

第三节　回归结果分析

一、环境信息披露影响企业价值的实证检验

通过利用 Stata15 软件，对企业价值（TQ）变量与环境信息披露质量（EDI）变量以及控制变量的相关数据采用最小二乘法的方式进行回归分析检验，所得结果如表 6-11 所示。

表 6-11　环境信息披露与企业价值的回归结果

被解释变量 TQ	全样本	t 值
EDI	0.014**	1.06
Nature	0.126	0.72
Tax	−0.082**	−1.91
Oper	−0.573***	−2.74
Roe	4.014***	5.14
Tech	8.978***	3.12
Grow	−0.047***	−2.74
Size	0.387***	6.28

_cons	9.357***	5.37
N	193	—
r2_a	0.338	—
F	12.787	—

注：*p ＜ 0.15，**p ＜ 0.1，***p ＜ 0.05。

由表 6-11 可以看出，企业价值（TQ）与环境信息披露（EDI）的系数为 0.014，在 10% 的显著性水平下正相关，说明环境信息披露正向影响企业价值。假设 1——"环境信息披露对企业价值具有正向影响"得到验证。另外，企业价值（TQ）与税收政策（Tax）、营运能力（Oper）、成长能力（Grow）显著负相关，与盈利能力（Roe）、研发能力（Tech）、企业规模（Size）显著正相关。

二、环境信息披露影响企业价值的滞后效应检验

为了进一步验证环境信息披露对企业价值的影响是否具有滞后效应，补充收集了 2018 年度除环境信息披露（EDI）以外的其他变量的数据，重新进行回归分析后所得结果如表 6-12 所示。

表 6-12　环境信息披露影响企业价值的滞后效应检验结果

被解释变量 TQ	$T=0$	t 值	$T=1$	t 值
EDI	0.014**	1.06	−0.125**	−1.906
Nature	0.126	0.72	0.013	0.186
Tax	−0.082**	−1.91	0.031	0.461
Oper	−0.573***	−2.74	−0.083	−1.199
Roe	4.014***	5.14	0.531***	5.704
Tech	8.978*	3.12	−0.008	−0.107
Grow	−0.047***	−2.74	−0.307***	−3.424
Size	0.387***	6.28	−0.348***	−4.925
_cons	9.357***	5.37	6.103***	6.168
N	193	—	193	—

被解释变量 TQ	$T=0$	t 值	$T=1$	t 值
r2_a	0.338	—	0.243	—
F	12.787	—	8.207	—

注：*p < 0.15，**p < 0.1，***p < 0.05。

由表 6-12 可以看出，滞后 1 年时，企业价值（TQ）与环境信息披露质量（EDI）的系数为 -0.125，在 10% 的显著性水平下负相关，即环境信息披露对企业价值的影响具有滞后效应，假设 2——"环境信息披露对企业价值的影响存在时间滞后效应"成立。

需要注意的是，环境信息披露质量（EDI）对企业价值（TQ）由正向影响变成负向影响。说明环境信息披露对企业价值能够产生的显著的正面效应是短暂的，不具有长期性。可能的解释是，市场上将更完善的环境信息披露视为可能存在潜在环保支出的信号，使得预期现金流量减少，企业价值降低。

三、应规披露对环境信息披露质量和企业价值之间关系的调节效应检验

为了验证假设 3——"应规披露能够对环境与可持续发展披露和企业价值之间的关系起到积极的调节作用"，这里采用回归模型，对相应的典型企业进行回归分析。从得到的调节效应检验结果可以看出，交乘项（GRI·RDI）与企业价值（TQ）的回归系数为 0.236，在 1% 水平显著正相关。这说明应规披露能够对环境与可持续发展披露和企业价值之间的关系起到正向调节作用。由此验证了假设 3。

为了验证假设 4——"应规披露能够在一定程度上促进环境信息披露质量对企业价值的影响作用"，这里采用回归模型，对相应的典型企业进行回归分析。从得到的调节效应检验结果可以看出，交乘项（EDI·RDI）与企业价值（TQ）的回归系数为 0.003，在 5% 水平显著正相关。

综上，应规披露能够对环境信息披露质量与企业价值之间的关系起到显著的正向调节作用。

四、不同股权性质下环境信息披露质量影响企业价值的实证检验

为了验证不同股权性质下环境信息披露质量对企业价值的影响，将企业划分为国有企业和非国有企业，并分别进行回归分析，所得结果如表 6-13 所示。

表 6-13　不同股权性质下环境信息披露与企业价值的回归结果

被解释变量 TQ	国有企业	t 值	非国有企业	t 值
EDI	0.418**	0.63	0.350*	1.60
Tax	−0.074**	−1.97	−0.057	−0.14
Oper	−0.353*	−1.98	−0.806**	−2.14
Roe	2.987***	4.27	7.548***	4.12
Tech	2.347*	0.39	9.234***	2.67
Grow	−0.037***	−1.87	−0.297**	−2.87
Size	0.247***	5.27	0.478***	5.01
_cons	11.238***	7.39	12.568***	8.01
N	123	—	70	—
r2_a	0.367		0.396	
F	9.016	—	7.159	—

注：*p < 0.15，**p < 0.1，***p < 0.05。

由表 6-10 可以看出，国有企业的企业价值（TQ）与环境信息披露质量（EDI）的系数为 0.418，在 10% 的显著性水平下呈正相关；非国有企业的企业价值（TQ）与环境信息披露质量（EDI）的系数为 0.350，在 15% 的显著性水平下呈正相关。国有企业环境信息披露质量（EDI）的系数大于非国有企业环境信息披露质量（EDI）的系数。

由此可见，相比于非国有企业，国有企业的环境信息披露质量对企业价值的正向影响更显著。假设 5——"相比于非国有企业，国有企业会强化环境信息披露质量对企业价值的正向影响"得到验证。

五、机构投资者对环境信息披露质量与企业价值关系的影响检验

为了探究在机构投资者的调节作用下环境信息披露质量对企业价值的影响，此处采用了设置交互项的方法进行了回归分析，所得结果如表 6-14 所示。

表 6-14　机构投资者、环境信息披露质量与企业价值的回归结果

被解释变量 TQ	机构投资者（Ins）	t 值
EDI	0.029**	0.87
Ins	6.987***	3.78
EDI*Ins	0.628***	3.01
Nature	0.231	0.87
Tax	−0.068***	−3.01
Oper	−0.387**	−2.37
Roe	3.987***	4.04
Tech	8.456***	2.08
Grow	−0.042***	−2.67
Size	−0.524***	−6.98
_cons	9.387***	8.18
N	193	—
r2_a	0.379	
F	13.187	—

注：*p < 0.15，**p < 0.1，***p < 0.05。

根据表 6-14 可以看出，在机构投资者（Ins）的作用下，企业价值（TQ）与环境信息披露质量（EDI）的系数为 0.029，在 10% 的显著性水平下正相关；与机构投资者（Ins）的系数为 6.987，在 5% 的显著性水平下正相关；与环境信息披露质量和机构投资者的交互项（EDI*Ins）的系数为 0.628，在 5% 的显著性水平下正相关，说明在环境信息披露质量和机构投资者的交互项（EDI*Ins）作用下，环境信息披露质量与企业价值相关性的显著性增强，假设"机构投资者会增强环境信息披露质量对企业价值的正向影响"得到验证。

六、机构投资者异质性对环境信息披露质量与企业价值关系的影响检验

为了进一步探究机构投资者异质性对环境信息披露质量与企业价值间相关性的影响，这里将机构投资者划分为独立型机构投资者和非独立型机构投资者，并分别进行回归分析，所得结果如表 6-15 所示。

表 6-15　异质性机构投资者、环境信息披露质量与企业价值回归结果

被解释变量 TQ	独立型 Insr	t 值	非独立型 Inss	t 值
EDI	0.121*	0.90	0.027**	1.13
Insr	12.387***	6.23	—	—
EDI*Insr	1.274***	2.57	—	—
Inss	—	—	2.347	0.69
EDI*Inss	—	—	0.190*	0.58
Nature	0.198	0.68	0.747	0.91
Tax	−0.078***	−3.01	−0.017**	−2.34
Oper	−0.421**	−1.45	−0.401***	−2.37
Roe	3.274***	3.85	4.031***	4.69
Tech	8.953***	2.20	8.358**	1.97
Grow	−0.049***	−2.78	−0.036***	−2.51
Size	−0.358***	−6.57	−0.478***	−6.27
_cons	9.677***	8.01	8.357***	8.31
N	193	—	193	—
r2_a	0.358	—	0.356	—
F	11.238	—	10.257	—

注：*p < 0.15，**p < 0.1，***p < 0.05。

由表 6-15 可以看出，在独立型机构投资者的作用下，企业价值（TQ）与环境信息披露质量（EDI）的系数为 0.121，在 15% 的显著性水平下正相关；与独立机构投资者（Insr）的系数为 12.387，在 5% 的显著性水平下正相关；与环境信息披露质量和独立型机构投资者的交互项（EDI*Insr）的系数为 1.274，在 5% 的显著性水平下正相关，说明在环境信息披露和独立型机构投资者的交互项

（EDI*Insr）作用下，环境信息披露质量与企业价值相关性的显著性增强。

在非独立型机构投资者的作用下，企业价值（TQ）与环境信息披露质量（EDI）的系数为0.027，在10%的显著性水平下正相关；与非独立机构投资者（Inss）的系数为2.347，关系并不显著；与环境信息披露质量和非独立型机构投资者的交互项（EDI*Inss）的系数为0.190，在15%的显著性水平下正相关，说明在环境信息披露质量和非独立型机构投资者的交互项（EDI*Inss）作用下，环境信息披露质量与企业价值相关性的显著性增强。

环境信息披露质量和独立型机构投资者的交互项（EDI*Insr）的系数明显大于环境信息披露质量和非独立型机构投资者的交互项（EDI*Inss）的系数，说明相较于非独立型机构投资者，独立型机构投资者对环境信息披露质量与企业价值间的调节作用更大。假设6——"相比于非独立型机构投资者，独立型机构投资者对环境信息披露质量与企业价值间关系影响更显著"得到验证。

七、政府环境规制与媒体关注度调节作用的检验

经过检验分析，可以得出环境信息披露质量的提高会促进企业价值的提高的结论。在此基础上，接下来将公共压力分为政府环境规制和媒体关注度两个方面，分别检验二者对环境信息披露质量价值效应的调节作用，计算结果如表6-16所示。

（一）政府环境规制的调节作用

当被解释变量为TQ，研究政府环境规制的调节作用时，通过表6-16可以观察到，政府环境规制与环境信息披露质量交叉变量（Gov×EDI）的系数为0.021，且此时 t 值为2.65，结果显示在1%水平上显著。由此可以得知，政府相关部门在环境的管理规制上对上市公司环境信息披露质量与其自身的市场价值的相关关系具有促进作用。假设7——"政府环境规制对上市公司环境信息披露质量与企业价值的相关关系具有促进作用"得到验证。

（二）媒体关注度的调节作用

被解释变量为TQ，研究媒体关注度的调节作用时，通过表6-16可以观察到，变量环境信息披露质量与媒体关注度交叉变量（Media×EDI）的系数为0.583，且此时 t 值为4.37，结果显示在1%水平上显著。由此可以得出，媒体关注度这一公共压力对环境信息披露质量的价值效应同样具有促进作用。假设8——"媒

体关注度对上市公司环境信息披露质量与企业价值的相关关系具有促进作用"得到验证。

由此可以推断，当今大数据时代的发展扩大了媒体的影响力，许多事件可以通过媒体的即时报道快速发酵，因此当今社会媒体成为外部监督的一大来源，各个责任主体可以通过媒体进行信息的传递交互来最大限度地维护自身利益。例如，市场上的利益相关者可以通过舆论力量监督企业行为，促使其能够积极主动承担社会责任，更高效地治理公司。媒体可以通过负面新闻的传播对企业的声誉造成影响，以此来监督企业时刻注意自身的言行举止，确保企业在市场中保留底线。另外，媒体不仅可以起到监督作用，还可以使已有信息的影响扩大。当企业积极主动地披露社会责任、环境信息时，媒体的关注度使其正面效应最大化。同样，当企业环境保护责任方面出现疏漏、产生负面新闻时，媒体关注度的扩大效应也会使其社会声誉受到较大程度的损害。由此，假设8得到验证。

表 6-16　调节作用分析结果

变量名称	模型 2：调节变量 Gov	模型 3：调节变量 Media
EDI	1.090 （2.34）	2.070*** （15.79）
Gov	−0.004 （−0.97）	—
Gov × EDI	0.021*** （2.65）	—
Media	—	0.287*** （4.29）
Media × EDI	—	0.583*** （4.37）
Size	−0.477*** （−19.79）	−0.561*** （−23.72）
Lev	−1.023*** （−7.04）	−10.02*** （−7.27）
First	0.002 （1.31）	0.004** （2.03）
Grow	0.097 （1.12）	0.053 （0.64）
Nature	−0.134** （−2.34）	0.021 （0.39）

变量名称	模型2：调节变量 Gov	模型3：调节变量 Media
C	13.259*** （25.1）	13.467*** （26.32）
Year	控　制	
N	2254	2254
R-Square	0.353	0.411
Adj. R-Square	0.349	0.408

注：①***、**、*分别代表在1%、5%、10%的水平上显著。

②括号内是 t 值。

第四节　稳定性检验

一、替换变量法

（一）利用替换变量重新检测假设 1

为了更好地说明结果的可靠性，对被解释变量"托宾Q值"进行了相应的变量替换，借鉴沙尔曼等学者的研究，将被解释变量企业价值替换为总资产收益率（Roc）和市值进行衡量，重新检测模型。其中总资产收益率（Roe）是基于企业利润创造的企业价值表示方法，可以对企业短期内财务绩效情况以及企业价值现阶段的情况进行衡量，因此可以衡量企业价值，适合作为稳定性检验进行替换。而市值更多的是基于当前市场对企业本身潜在价值或未来价值的判断与衡量，是企业较为长期的市场价值的体现。

更多受到决策者短期行为的影响，有助于衡量环境信息披露质量给企业当期或短期阶段内带来的经营成果和价值变化，因此可以衡量企业价值，适合作为稳定性检验进行替换。

当被解释变量为总资产收益率（Roe）时，变量 EDI 的系数为 0.043，此时 t 值为 7.25，表示企业环境信息披露质量与其总资产收益率 Roe 显著正相关，即当企业环境信息披露质量提高时，企业总资产收益率（Roe）显著增加。当被解释变量为市值时，变量 EDI 的系数为 0.698，此时 t 值为 15.85，且在 1% 水平上显著，表示企业环境信息披露的质量与企业价值呈显著正相关关系，即当企业环境信息披露质量得以提高时，企业市值增加。两次替换均与上述回归结果一致，即与本节假设 1 一致，结果更加稳健。

（二）利用替换变量重新检测假设 2

为了验证上述结果分析的稳定性，选取市场指标另一指标股票市值（SV）作为企业价值的替代变量，重新对假设 2 进行回归结果分析。检验结果如表 6-17 所示。

表 6-17　环境信息披露质量影响企业价值的滞后效应检验结果

被解释变量 SV	$T=0$	t 值	$T=1$	t 值
EDI	0.018*	0.58	−0.039***	−2.196
Nature	−0.129	−1.04	0.000	0.017
Tax	−0.095	−0.16	0.015	0.827
Oper	−0.214	−0.37	−0.025	−1.293
Roe	1.237***	3.24	0.174***	6.836
Tech	3.014	0.76	0.003	0.149
Grow	−0.217*	−1.56	−0.103***	−4.223
Size	0.787***	7.28	0.966***	50.146
_cons	8.287***	7.86	3.174***	7.613
N	193	—	193	—
r2_a	0.627	—	0.944	—
F	42.157	—	377.831	—

注：*p < 0.15，**p < 0.1，***p < 0.05。

由表 6-17 可以看出，滞后 1 年时，企业价值（SV）与环境信息披露质量（EDI）的系数为 −0.039，在 5% 的显著性水平下负相关，环境信息披露质量（EDI）对企业价值（SV）由正向影响变成负向影响。环境信息披露质量对企业价值的影响具有滞后效应，假设 2 成立，检验结果与之前结果一致。

（三）利用替换变量重新检测假设 3

为了更好地说明假设 3 结论的稳定性和可靠性，进行稳定性检验。市净率是每股股价与每股净资产的比率，较高的市净率反映的是投资者对公司前景的良好预期，表现出与企业价值相似的经济意义。因此，在这里换用市净率衡量企业价值，详情如表 6-18 所示。

表中的数据表示应规披露对环境与可持续发展披露和市净率之间关系的调节作用，以及应规披露对环境信息披露质量和市净率之间关系的调节作用。从回归结果可以看出，应规披露依然表现出显著的正向调节作用，说明应规披露能够显著促进环境信息披露质量和市净率之间的正向关系。检验结果与之前结果一致。

表 6-18　应规披露对环境信息披露和企业价值关系的调节效应检验回归分析

变量	（1）市净率	（2）市净率
GRI	0.676*** （2.641）	—
EDI	—	0.000 （0.087）
RDI	0.366*** （2.586）	0.240 （0.971）
GRI*RDI	1.219*** （3.675）	—
EDI*RDI	—	0.012** （2.072）
Size	-1.626*** （-34.388）	-1.505*** （-32.843）
Lev	6.443*** （23.001）	6.274*** （22.079）
Grow	0.327*** （2.992）	0.328*** （2.973）
Roe	0.436 （1.155）	0.246 （0.611）
Ind	控制	控制
Year	控制	控制
N	3692	3692
R-squared	0.377	0.365

注：***$p < 0.01$，**$p < 0.05$，*$p < 0.1$。

（四）利用替换变量重新检测假设 4

为了验证结果分析的稳定性，选取市场另一指标股票市值（SV）作为企业价值的替代变量，重新对假设 4 进行回归结果分析。不同股权性质下环境信息披露质量与企业价值的回归结果如表 6-19 所示。

表 6-19　不同股权性质下环境信息披露质量与企业价值的回归结果

被解释变量 SV	全样本	国有企业	非国有企业
EDI	0.018* （0.58）	0.025* （0.34）	0.012* （0.59）
Nature	−0.129 （−1.04）	—	—
Tax	−0.095 （−0.16）	−0.023 （−0.12）	−0.379 （−0.76）
Oper	−0.214 （−0.37）	−0.237 （−1.06）	−0.327 （−0.46）
Roe	1.237*** （3.24）	2.387*** （3.84）	1.238* （1.03）
Tech	3.014 （0.76）	0.987 （0.19）	1.957 （0.37）
Grow	−0.217* （−1.56）	−0.03* （−1.23）	−0.201** （−1.88）
Size	0.787*** （7.28）	0.687*** （8.97）	0.708*** （6.21）
_cons	8.287*** （7.86）	8.174*** （6.27）	18.387*** （4.87）
N	193	123	70
r2_a	0.627	0.607	0.428
F	42.157	50.124	15.127

注：① *$p < 0.15$，**$p < 0.1$，***$p < 0.05$。

② 括号内是 t 值。

由表 6-19 可以看出，国有企业的企业价值（SV）与环境信息披露质量（EDI）的系数为 0.025，在 15% 的显著性水平下正相关；非国有企业的企业价值（SV）与环境信息披露质量（EDI）的系数为 0.012，在 15% 的显著性水平下正相关。

国有企业环境信息披露质量（EDI）的系数大于非国有企业环境信息披露质量（EDI）的系数。由此可见，相比于非国有企业，国有企业的环境信息披露质量对企业价值的正向影响更显著。因此，假设4得到验证，检验结果与之前结果一致。

（五）利用替换变量重新检测假设5和假设6

为了验证结果分析的稳定性，选取市场另一指标股票市值（SV）作为企业价值的替代变量，重新对假设5和假设6进行回归结果分析。机构投资者、环境信息披露质量与企业价值回归结果如表6-20所示。

表6-20　机构投资者、环境信息披露质量与企业价值回归结果

被解释变量TQ	机构投资者（Ins）	独立型机构投资者（Insr）	非独立型机构投资者（Inss）
EDI	0.003*** （1.07）	0.017** （0.58）	0.004* （2.14）
Ins	0.701** （4.91）	—	—
EDI*Ins	0.074** （3.01）	—	—
Insr	—	0.317** （6.79）	—
EDI*Insr	—	0.187** （6.32）	—
Inss	—	—	0.327 （1.58）
EDI*Inss	—	—	0.027* （1.23）
Nature	0.037 （0.97）	0.024 （0.97）	0.087 （0.66）
Tax	-0.004* （-3.87）	-0.009** （-4.18）	-0.002* （-2.97）
Oper	-0.042** （-2.37）	-0.047* （-1.45）	-0.051* （-2.37）
Roe	0.407* （6.95）	0.417** （6.31）	0.529* （7.23）

被解释变量 TQ	机构投资者（Ins）	独立型机构投资者（Insr）	非独立型机构投资者（Inss）
Tech	0.812*** （2.37）	0.901*** （3.12）	0.887** （3.01）
Grow	−0.006** （−4.23）	−0.005* （−2.01）	−0.004** （−3.21）
Size	−0.061*** （-10.01）	−0.041*** （−7.89）	−0.057*** （−8.35）
_cons	1.027*** （9.32）	0.987*** （7.06）	0.845*** （10.37）
N	193	193	193
r2_a	0.412	0.368	0.379
F	15.237	12.317	11.238

注：*$p < 0.15$，**$p < 0.1$，***$p < 0.05$。

由表 6-20 可以看出，在机构投资者（Ins）的作用下，企业价值（SV）与环境信息披露质量（EDI）的系数为 0.003，在 5% 的显著性水平下正相关；与机构投资者（Ins）的系数为 0.701，在 10% 的显著性水平下正相关；与环境信息披露质量和机构投资者的交互项（EDI*Ins）的系数为 0.074，在 10% 的显著性水平下正相关，说明在环境信息披露质量和机构投资者的交互项（EDI*Ins）的作用下，环境信息披露质量与企业价值相关性的显著性增强。因此，假设 5 得到验证，检验结果与之前结果一致。

由表 6-20 可以看出，在独立型机构投资者的作用下，企业价值（SV）与环境信息披露质量（EDI）的系数为 0.017，在 10% 的显著性水平下正相关；与独立机构投资者（Insr）的系数为 0.317，在 10% 的显著性水平下正相关；与环境信息披露质量和独立型机构投资者的交互项（EDI*Insr）的系数为 0.187，在 10% 的显著性水平下正相关，说明在环境信息披露质量和独立型机构投资者的交互项（EDI*Insr）的作用下，环境信息披露质量与企业价值相关性的显著性增强。

在非独立型机构投资者的作用下，企业价值（SV）与环境信息披露质量（EDI）的系数为 0.004，在 15% 的显著性水平下正相关；与非独立机构投资者（Inss）的系数为 0.327，关系并不显著；与环境信息披露质量和非独立型机构投资者的交互项（EDI*Inss）的系数为 0.027，在 15% 的显著性水平下正相关，说明在环境信息披露质量和非独立型机构投资者的交互项（EDI*Inss）的作用下，环境信息披露质量与企业价值相关性的显著性增强。

环境信息披露质量和独立型机构投资者的交互项（EDI*Insr）的系数明显大于环境信息披露质量和非独立型机构投资者的交互项（EDI*Inss）的系数，说明相较于非独立型机构投资者，独立型机构投资者对环境信息披露质量与企业价值间的调节作用更强。因此，假设 6 得到验证，检验结果与之前结果一致。

（六）利用替换变量重新检测假设 7

当被解释变量为总资产收益率（Roe），研究政府环境规制调节作用时，政府环境规制与环境信息披露质量交叉变量（EDI×Gov）系数为 0.000，此时 t 值为 1.23，结果不显著。出现这种情况的原因可能在于总资产收益率 Roe 侧重于衡量企业短期绩效，而政府规定制度、实施政治压力，会导致企业不得不为了避免罚金或惩处，在未提前适应的情况下迅速调整内部流程，如大量购买减排设施，重新制定相关章程，提高环境信息披露质量等，这一系列活动可能会在一定程度上增加企业人力、物力、财力上的消耗，抵消了一部分对企业短期绩效的提高。

当被解释变量为市值，研究政府环境规制调节作用时，通过调查可以发现，政府环境规制与环境信息披露质量交叉变量（EDI×Gov）系数为 0.467，此时 t 值为 3.13，结果显著表明，政府环境规制在环境信息披露质量对市值的影响关系中发挥显著的促进作用，与上述回归结果一致，即与本节假设 7 一致，结果更加稳健。

（七）利用替换变量重新检测假设 8

当被解释变量为总资产收益率 Roe，研究媒体关注度调节作用时，媒体关注度与环境信息披露质量交叉变量（Media×EDI）系数为 0.043，此时 t 值为 7.13，结果显著，表明媒体关注度在环境信息披露对总资产收益率 Roe 的影响关系中发挥显著促进作用；当被解释变量为市值，研究媒体关注度调节作用时，媒体关注度与环境信息披露质量交叉变量（Media×EDI）系数为 0.634，此时 t 值为 15.41，结果显著，表明媒体关注度在环境信息披露质量对市值的影响关系中发挥显著促进作用，与上述回归结果一致，即与本节假设 8 相符，结果更具可靠性。

二、工具变量法

此处选用解释变量滞后一期作为工具变量，此外还需证明工具变量的有效性和相关性。首先，工具变量与内生变量数量相同，说明恰好识别，满足有效性约束条件。之后，检验工具变量 TQ_{t+1} 是否满足相关性。工具变量与内生变量相关性检验结果的 F 统计量的 P 值为 0.00，说明工具变量满足相关性，工具变量满足两个限定条件，证明了其合理性。

工具变量回归下的估计结果如表 6-21 所示，第（1）列为第一阶段企业环境信息披露质量滞后一期与企业环境信息披露质量的回归结果，系数为 0.843，两者显著正相关，证明滞后一期的企业环境信息披露质量对企业环境信息披露质量起到正向促进作用。第二阶段回归结果表明，企业环境信息披露质量与企业价值呈显著正相关关系，且系数为 1.805，印证了研究假设企业环境信息披露质量与企业价值的正向关系，进一步排除了内生性问题。

表 6-21 工具变量回归下的估计结果

变量	（1） EDI 第一阶段	（2） TQ 第二阶段
EDI	—	1.805*** （10.43）
TQ_{t+1}	0.843*** （66.11）	—
Control variables	控制	
Year	控制	
Constant	−0.166*** （−10.84）	11.268*** （21.42）
N	1744	1744
R-squared	0.774	0.369

注：①***、**、*分别代表在1%、5%、10%的水平上显著。

②括号内是 t 值。

第七章 企业环境信息披露提升企业价值的对策

环境信息披露是企业为了获得利益相关者的认可进而提高企业价值的一种途径，及时获取环境披露与可持续发展信息以及提高环境信息披露质量不仅可以有效提高企业价值，同时能够推进我国环境信息披露体系的建设。

第一节　政府层面

一、明确企业环境信息披露范围和内容

（一）强制所有企业进行环境信息披露

根据我国现行法律的规定，我国目前对于企业实行的是分层次的环境信息披露制度，即被列为重点排污单位的企业进行强制性环境信息披露，其他企业实行"遵守或解释"的原则。

尽管重点排污单位是各省市根据自身环境容量以及公司重点污染物排放总量控制指标的要求，综合考量排放污染物的浓度等对环境可能造成影响的因素来规定列出的。重点排污单位名录在一定程度上能够反映出对环境可能造成影响的公司，但是不能依据此认定其他未被列入重点排污单位名录的企业不会产生环境污染问题。有环境污染可能的企业并非全部囿于目前我国规定的重污染行业和重点排污单位，非重点排污单位仍存在因环境违法行为而遭受行政处罚的情况。

同时，有些企业虽然目前没有发生环境污染事件，但有着较大的环境风险。如果这些公司长期处于我国环境信息披露管制之外，就会降低企业对环境保护及相关信息披露的重视程度，从而留下更多隐患。仅要求重点排污单位进行强制性环境信息披露，可能会造成一些非重点排污单位合理规避披露相关可能影响融资

的环境信息。因此，有学者认为，强制性环境信息披露不应局限于重点排污单位，其义务主体应当是所有企业。

（二）细化企业环境信息披露的具体内容

完善环境信息披露制度最主要的目的是加强环境保护部门和证券监督管理部门的监管，保护投资者的合法权益，实现资本最优流向，引导绿色投资、绿色消费，从而促进环境、经济和社会的可持续发展。

企业不仅肩负环境保护的社会责任，还要对市场、投资者以及公众负责。因此，我国环境信息披露的内容应全面涵盖国家环境保护监管部门、投资者以及公众对环境信息的需求。

从国家环境保护部门的角度来说，环境保护部门不仅要关注污染治理问题，更要关注企业的环境污染预防问题。目前我国企业披露的污染物排放与治理、环境突发事件处置等信息都着眼于已经产生的环境问题。从国际上的先进经验来看，完善环境保护行为应当同时着眼于源头治理和末端救济，完善的环境信息披露也应当覆盖企业环境行为的全过程，即从生产前的规划与预防投入到生产后的合理治污过程。

从投资者对环境信息的需求来说，环境行为及环境保护理念对公司的成本收益的影响极易引起投资者的重视，完善企业环境信息披露的内容应增加影响投资者资产配置及投资意愿的相关信息。

目前，我国要求强制环境信息披露内容的规定过于笼统，能够实际影响投资者投资意愿与资本配置的内容、社会公众对环境信息的需求以及环境污染预防投入等信息都未被列入强制披露的范围。我国企业的环境信息披露应当结合我国现阶段加强环境保护的国情，扩大我国企业环境信息披露的范围。除我国现行规定的重点排污单位强制披露的污染物排放与治理、建设项目环境影响评价、防污设施的建设运行等内容仍须强制性披露外，增加对企业环境政策及标准、预期环境经营风险、环境诉讼及处罚、环保费用投入、与以前年度排污及投入对比等信息的披露，细化环境信息披露的内容。

二、健全环境信息披露法律法规

法律法规是以国家的强制力为实施保障，用来协调各种社会经济关系的社会规范的集合。企业作为当前经济生活中不可或缺的一种组织形式，其在生产经营中的一切活动都必然会受到相关法律法规的规范和约束。

建立健全我国环境信息披露法律法规是完善我国环境信息披露规范体系的重要环节。借鉴美、英、日等发达国家的经验，结合中国国情，我国需要建立以国家强制性法律法规为基础的企业环境信息披露体系。除现有的环境法律法规之外，国家应当制定和颁布专门的环境信息披露法律法规，为环境信息披露的发展提供充足的空间。

制定专项法律法规，一方面使企业的环境信息披露有法可依，有利于为企业树立起减少环境污染和重视环境保护的意识，同时也使企业高度关注内部所发生的环境保护投资和环境保护收益的情况；另一方面，建立健全我国环境信息披露法律法规，可以在一定程度上节约环境信息披露制度体系的运行成本，节约交易费用。

综观我国现有的法律法规，其中对企业环境信息披露做出明确规定的少之又少。1979年9月，我国颁布了《中华人民共和国环境保护法（试行）》，规定在进行新建、改建和扩建工程时，必须出具对环境影响的报告书。1998年2月11日至13日，我国参加了联合国国际会计和报告标准政府间专家工作组第十五次会议。这次会议的主题是环境会计和报告，会上共同讨论通过了目前国际上第一份关于环境会计和报告的系统完整的国际指南——《环境会计和报告的立场公告》。

我国现有的与环境信息披露有关的法律法规尚未明确规定企业必须在日常的经营过程中对环境信息进行披露，这对我国政府有关部门和社会公众对企业的环境信息披露实施必要的监督十分不利。因此，我国政府应当积极建立健全环境信息披露的法律法规，使其对企业的环境信息披露起到引导的作用。

（一）明确环境信息披露法律法规规章的层次

环境信息披露法律法规规章具体可由国家立法机关、国务院以及各级地方人民政府制定和发布。根据各个规范在整个规范体系中所处的地位、所起的作用、适用范围以及管制效力的不同，环境信息披露法律法规规章可以分为三个层次的构建。

第一个层次的环境信息披露基本法律位于最顶层，起统驭全局的作用，适用于中国境内所有的企业，具有最高法律效力。这个层次的规范一般应由国家最高立法机关，即全国人民代表大会及其常务委员会制定，其他任何相关环境规范不得与之相背离。因此，该层次的规范应具有相对稳定性，结合企业环境问题的通用性做出原则性规定，尤其对违反有关环境信息披露法律法规的行为，要明确法律责任。目前，我国在这一层次上仍然是空白的，国家应加快立法步伐，尽快制定符合中国国情的环境信息披露法律法规，或者对现有的《中华人民共和国会计法》进行修订，加入有关环境信息披露的内容。

第二个层次的环境信息披露具体法规由国务院制定和颁布。国务院可以以行政命令或行政法规的形式制定和颁布关于环境信息披露的规范，明确企业披露环境信息的责任、披露时间、报送对象等一般性事项。

第三个层次是地方各级人民政府制定的相关指导性文件。地方各级人民政府可以根据各地具体情况的不同，在不与环境信息披露基本法律和环境信息披露具体法规相抵触的前提下，基于本地区经济发展和环境保护的需要，制定有利于本地区全面可持续发展的环境信息披露指导性文件。

（二）加快环境信息披露相关立法进程

在现有法律法规中增加环境信息披露条款，比如在《中华人民共和国公司法》《上市公司治理准则》《企业事业单位环境信息公开办法》中增加环境信息披露的详细条款，为明确企业环境信息披露责任提供法律依据，提高不披露的违法成本，营造依法依规披露环境信息的公平竞争环境。研究制定环境信息披露的财务标准，通过统一环境信息披露内容、格式、单位、披露频次，保障环境信息披露的可读性、可比性、完整性，帮助利益相关者全面地、真实地了解企业环境投入、环境负债、环境风险。市场监督管理部门、商务部门、金融监督管理部门应当加强合作，将企业环境信息披露纳入市场监督管理、金融监督管理的法律法规中，构建完善的环境信息披露法制体系。

（三）发挥环境立法的引领作用

近年来，我国已经把生态文明建设纳入中国特色社会主义建设事业总体布局中，强调将生态文明建设贯穿于其他一切建设之中，是发展建设不可或缺的载体和基础，应抵制一切以损害生态环境为代价的发展建设。国家出台的一系列政策和媒体舆论对于绿色、环保理念的引领相当强劲。

作为国家环境法律执行过程中的重要环节，环境信息披露制度建设成果如何在很大程度上受到我国环境立法的影响。与政策和舆论引领相比较，《中华人民共和国环境保护法》作为保护和改善环境，推进生态文明建设，促进经济社会可持续发展的核心法律，对公众绿色、环保理念的引领作用显得相对薄弱。

通过了解日本和美国等国家的经验，应当在《中华人民共和国环境保护法》

或其他一系列环境保护法律中加大对公众环境知情权的保护力度；推动企业环境信息披露制度进一步完善，通过企业环境信息披露制度平台不断拓展，提高公众对环境保护监督和决策的参与度；加强对环保企业、绿色产品的认证，提高环保企业、绿色产品市场竞争优势和吸引绿色资金的能力；加大对环保产品和环保企业的政策扶持和经济扶持力度，通过提高企业内部管理效率，提高企业履行环境保护责任的主动性和积极性；加大对环保违规产品和企业经营活动环境违规的处罚力度，通过明确企业环境主体责任和产品环保责任，形成环境保护是重中之重的态势，让建设循环经济，实现经济社会可持续发展的绿色、环保理念在公众心中扎根，形成全社会关心、关注环境保护的良好氛围，发挥我国环境保护立法对绿色、环保理念的引领作用，以提高全社会对环境信息及其披露的重视程度，为我国环境信息披露制度的发展与完善奠定深厚的基础。

（四）提高环境信息披露立法等级

目前，我国企业环境信息披露制度面对的最大问题就是，该制度没有专门的法律加以规定。要使这项制度得以顺利运行并最大化地发挥作用，必须走出关于企业环境信息披露制度的核心法律缺失的困境。

《中华人民共和国证券法》是直接规范企业行为、股票债券发行及信息披露的法律。目前，我国新修订的《中华人民共和国证券法》虽然设立了信息披露的专门章节，但是其中并没有关于环境信息披露的确切规定，仅在第八十条、第八十一条中列举规定了在发生了可能对企业股票及债券交易价格产生较大影响的重大事件且投资者尚未得知时，企业应编制定期报告，披露相关信息。

从上述两条规定来看，仅公司涉及的重大诉讼等几款规定可以认为可能与企业环境信息有关。然而，这些规定对企业的环境信息披露仅能认为存在关联性，并不能认为是关于环境信息披露范围的强制性法律规定。正是由于从《中华人民共和国证券法》中关于企业如何进行环境信息披露及披露范围无法得出准确结论，并且相关规定过于笼统，从而使企业关于环境信息披露的自主决定权过大。一些公司只披露正面信息或选择不披露，对于环境信息披露远不如面对关联交易等传统须进行披露的信息般如履如临。

《中华人民共和国证券法》对企业环境信息披露进行专门的、具体的规定，使企业有法可依，可以真正对企业起到震慑作用并发挥推动作用。因此，有学者认为，我国企业环境信息披露制度若想得到长足的发展，应当确切地在更高位阶的法律中具体规定企业的环境信息披露。

三、细化环境信息披露政策措施

（一）建立环境信息分级披露机制

建立覆盖不同层级、不同股权性质、所有经营主体的环境信息披露制度。目前我国环境信息披露的主体主要是重污染排污单位和上市公司，而随着国家环境监管的推进以及社会对企业环境信息的需要，确定强制性和鼓励性互为补充的环境信息披露制度至关重要。

一是对属于重点排污单位的企业实施强制性环境信息披露政策。按照《中华人民共和国环境保护法》《企业事业单位环境信息公开办法》明确的环境信息披露主体，将重污染排污单位作为首要管控对象，列入强制性环境信息披露范畴，由生态环境主管部门将企业名单推送给金融监管部门予以重点关注，对未能完整地、真实地披露强制性环境信息的企业名单也及时通过政府网站公开。重点排污单位应当披露的强制性环境信息，应当包括但不限于污染物排放和节能减排信息、污染防治设施建设运行情况、环境影响评价情况、突发环境事件及应急预案等应当公开的环境信息。

二是对不属于重点排污单位的重污染行业的企业实施强制性环境信息披露。事实上，不属于重点排污单位的企业是目前环境信息披露的重要盲区，对这部分企业也应当纳入强制性披露范围，从而更便于管控其环境行为。参照重点排污单位的要求强制披露环境信息，若不披露则执行"不披露就解释"原则，充分说明未披露理由。

三是对既不属于重点排污单位也不属于重污染行业的企业，执行半强制性环境信息披露政策。对这类企业的强制性披露指标减少至突发环境事件、污染物排放、环境影响评价三个关键指标，对其他环境信息执行鼓励性披露原则，并对企业鼓励性环境信息披露的质量提出财务信息、定量信息的要求，以提高环境信息披露的可信度。

（二）建立统一的环境信息披露标准

生态环境主管部门、金融监督管理部门、市场经济主管部门应当合作，研究制定统一的环境信息披露规则，结合生态环境的治理需要，明确详细的、具体的、规范的环境信息披露内容。同时，规范环境信息披露的格式，便于连续规范地反映公司环境信息披露质量，也利于投资者查阅。例如，明确环境信息的分类和披露载体，货币类信息通过财务报表披露，补充说明类信息通过报表附注披露，建立列支环境投资收支的损益表，便于客观反映环境投资的变化。

制定环境财务指标和非财务指标相结合、定性指标与定量指标相结合、正面披露与负面披露相结合的标准，力争客观真实地反映企业环境污染现状和环境保护责任履行情况。

同时，相关部门通过一系列法律法规的解读性指标引导企业采取更多污染减排、清洁生产、资源节约的措施实现"自证清白"，推动环境信息披露由外部推动向内部主动转变，让企业从中获得融资成本降低、融资约束缓解、环保投资提高等核心竞争力。

（三）建立有效的责任追究机制及激励机制

1. 加强对公司责任追究

有学者建议在《中华人民共和国证券法》及《上市公司信息披露管理办法》中明确规定环境信息披露的相关内容，将环境信息披露融入证券法传统所指的信息披露中。按照《中华人民共和国证券法》的规定，我国已经加强了对信息披露义务的责任追究，针对信息披露不符合法律规定的行为，从原来最高可处以 60 万元罚款，提高至最高可处 1000 万元罚款。

企业披露环境信息如果违反了相关信息披露的规定，即适用上述证券法中的行政处罚规定。但即使对罚款数额有了很大的提高，我国目前对企业环境披露的相关行政责任仅限于行政罚款，单一的行政处罚责任区分不明显，实践中实用价值也有限。有学者建议对在《中华人民共和国证券法》中将信息披露（包括环境信息披露）的责任规定细化，建立多向责任追究机制，加大对违法违规行为的处罚力度。

除此之外，对环境信息披露责任的追究可以参考上市公司退市风险警示制度，建立信息披露特别处理制度，将企业发生的信息披露违法行为认定为异常状况，对相关企业进行特别处理、标识。相关企业只有连续两个报告期不再出现违反信息披露相关法律规定，才能成功"摘帽"。信息披露特别处理制度的实行，势必会对投资者等起到一定的风险警示作用，会对特别标识企业的融资、发债等产生影响，相较于单一罚款处罚更具有威慑性，从而提高企业的重视程度。

2. 强化对直接责任人追责

企业的控股股东、实际控制人、董事、监事、高级管理人员通常是对公司环境信息披露的直接责任人员，他们的决策是对公司环境信息披露质量决定因素。《上市公司信息披露管理办法》中规定了董事、监事、高级管理人员如违反了环境信息披露的相关规定，未尽勤勉义务，证监会可以采取责令改正、监管谈话、出具警示函等监管措施。同时，《中华人民共和国证券法》规定，信息披露义务人未按照规定报送相关报告或者履行披露义务的，责令改正，给予警告，并处以50万元以上500万元以下的罚款，对直接负责的主管人员和直接责任人员给予警告，并处以20万元以上200万元以下的罚款。

信息披露义务人报送的报告或者披露的信息有虚假记载、误导性陈述或者重大遗漏的责令改正，给予警告，并处以100万元以上1000万元以下的罚款；对直接负责的主管人员和其他直接责任人员给予警告，并处以50万元以上500万元以下的罚款。这些监管措施虽然相较于上述公司责任追究的单一罚款处罚形式有所丰富，在一定程度上能够增强相关责任人员的信息披露意识，但是作用仍有限。企业环境信息披露的相关直接责任人员通常是企业的控股股东、实际控制人、董事、监事、高级管理人员等，上述监管措施无论是罚款还是监管谈话，由于实践中适用顶格处罚的情况并不多见，对直接责任人员的影响并不是很大，并且其影响具有暂时性。

对于公司环境信息披露的直接责任人员的责任追究可以继续完善，在《中华人民共和国证券法》《上市公司信息披露管理办法》中对于直接责任人员未尽勤勉义务，而致使公司环境信息披露违反法律法规规定的，对直接责任人员的责任追究可以更加严苛。

另外，我国新修订的《中华人民共和国证券法》增加了关于控股股东、董事、监事、高级管理人员等做出承诺但不履行的，应当依法承担赔偿责任的规定。环境信息披露同样可以适当参照此民事赔偿制度。在实践中，上市公司的控股股东、实际控制人、董事、监事、高级管理人员等出于维护股价、促进融资等各种目的，对于可能对投资者、债权人等的决策产生影响的环境信息选择不披露、不完全披露或披露不具有实用性的内容等，这种违法违规的行为除了妨碍证券市场的法律秩序，还误导了投资者，给投资者造成了损失，损害其民事权利，理应承担民事赔偿责任。因此，有学者建议在《中华人民共和国证券法》中完善环境信息披露的民事赔偿制度，为投资者提供行使权利的途径。

3. 构建环境信息披露激励机制

由于我国目前企业环境信息披露正处于摸索发展的阶段，对重点排污单位要求强制性披露的内容较简单，对非重点排污单位的企业不强制披露，对企业环境信息披露的审查监管也亟待完善。上述种种缺失导致企业对环境信息披露的重视程度不高。虽然根据国家政策企业自愿进行环境信息披露的情况逐年有所增加，但是对比环境信息披露制度完善的发达国家和组织，还有一定的差距。

日本的环境信息披露激励机制很值得我国借鉴。对企业披露的信息进行一定程度的量化分析，并对披露质量较高的公司加以褒奖，是促进该制度的有力手段。有学者建议，从以下几个方面构建环境信息披露激励机制。

第一，在《上市公司信息披露管理办法》中增加对披露环境信息具体内容的规定，同时制定完善《环境信息披露指引》及《环境信息披露审查细则》，环保部门、证监会、交易所及社会环保组织可以联合对企业披露的环境信息以上述规范性文件为标准，审查企业环境信息披露质量，并将结果向社会公开。

第二，由证券交易所制定《上市公司环境信息披露考核工作细则》，最终可以评选出一些环境信息披露奖项，并加大此类评选的宣传力度。企业获得此类奖项可以提高知名度和竞争软实力，达到隐性宣传的效果，为进一步拓展经营和融资提供较好的舆论范围。

第三，由证券交易所制定并发布《上市公司环境信息披露监督举报指引》，鼓励社会公众、投资者、利益相关者等参与环境信息披露监督，开放多种社会监督举报途径以激励企业及时地、准确地进行信息披露。通过此类激励机制，可以提高企业对环境信息披露的重视程度，进一步促进我国上市公司环境信息披露制度的施行。

（四）强化环境信息披露的应用体制

在环境信息披露方面，环境保护补贴、税收优惠和污染处罚是企业与政府交汇的纽带。现阶段，虽然环境信息披露质量有了较大提升，但是环境信息的应用效率仍然较低，不能很好地指导社会生产的发展，造成了资源的极大浪费。近些年来，我国政府颁布了一系列法律法规鼓励企业自主披露相关环境信息，但是政府对于企业的"恩惠"，并不能完全弥补企业在环境保护方面的支出，所以我国环境信息披露质量情况不容乐观，这和过往研究的结论是一致的。

为了切实解决这个问题，政府应该借助已公开的环境信息完备其关于环境补贴及税收优惠的政策设计。

一方面，针对企业所做的环境贡献划分等级，按照"环境绩效高，补贴优惠多"的原则实行环境保护政策，防止"一锅端"现象的发生，因"事"制宜，加大环境保护设施研发的支持力度，降低企业由环保支出造成的经济效益下降的程度，减少企业环境保护的投资风险，保障企业的环境效益。

另一方面，在研究分析过程中了解到大多数企业都披露了涉及政府补贴的环境信息，政府可以引导企业革新环境技术，加大治理力度，减少生产运营过程中对环境的不利影响。但是，现存的环境补贴体制并不合理，污染程度较高的企业更容易获取环境补贴，污染程度较低的企业则很难享受环境优惠政策，所以政府在进行环境税收、补贴等政策时应具体问题具体分析，实行差异化补贴，更多地体现公平性，促使企业做出更好的环境信息披露行为。

（五）建立信息共享机制

对于环境信息的收集和分析，许多民间组织已经进行了长时间的研究和探索。例如，公众环境研究中心搭建的环境信息数据库，虽然体系完整，但是缺乏政府的官方支持，在数据收集等方面存在明显的劣势，无法很好地提供投资者和政府部门在做出决策时所需要的数据支持。

跨部门的信息共享可以使得绿色金融更加长期稳定地发展，所以证监会、生态环境保护协会等有关机构应该合作起来，构建信息互联互通的环境信息平台，实现信息共享，将企业的能源信息、排污信息、环境违规信息、绿色项目信息等由不同部门管理的信息结合起来，实现信息的准确全覆盖。

另外，还可以鼓励相关的研发部门利用大数据技术，设立标准化的环境信息披露框架，并借助相关的技术来对披露的数据进行合理的检验和校对，提升数据的准确性、统一性和合理性，努力减少由信息不对称造成的绿色融资困难，减少污染性投资。

四、制定与完善环境信息披露相关准则

环境准则是环境信息披露的具体技术和操作规范，使企业在披露环境信息时做到有章可循。很多国家或国际组织均制定了有关的环境准则。各国环境准则所规定的内容，主要包括环境成本的确认与计量、环境信息的披露，只有联合国国际会计和报告标准政府间专家工作组和加拿大特许会计师协会提出了应将环境业绩与财务业绩相结合。但是，对于环境资源的核算问题均没有在环境准则中予以体现。因此，目前国际上对环境准则的研究总体上仍处于起步阶段。

我国在有关法律法规中对环境信息的披露也进行了规定，但是远远不能满足企业进行规范化的、全面化的环境信息披露的需要。

环境准则的建立是实现我国经济可持续发展的"必需"。中国海洋大学管理学院教授李雪总结说："环境准则是衡量环境质量的客观标准，是确定企业承担

受托环境保护责任的依据，是完善组织内部管理的基础。同时，环境准则的建立可以帮助我国企业同国际顺利接轨，增强我国企业产品的竞争力。"同时，环境准则的建立是我国真正转变经济增长模式的必要前提。中南财经政法大学武汉学院财会系主任彭浪认为："长期以来，衡量经济增长的指标因过于单一而无法同时考虑环境和资源成本等因素，导致了资源的过度开发、低效利用和超标浪费，且极大地超出了环境可持续发展的承载能力。因此，建立健全环境准则，将环境会计应用于对经济发展和效益的评估，已然成为我国向'高产出、低能耗、低污染、低浪费'的集约型经济增长模式彻底转变的必要前提。"

环境准则作为环境信息披露的具体操作规范，具有技术性强、涉及面广等特点，财政部、证监会、国家开发银行贷款委员会等相关部门组织有关专家、学者，借鉴欧美等发达国家的经验，并结合我国国情进行分类制定。我国制定环境准则，应坚持科学性的、普遍性的、原理与具有特殊性的应用实际相结合，坚持前瞻性、发展性和可操作性原则。

首先，环境准则的研究和制定应具有前瞻性，不仅对目前开展的环境活动进行规范，也要对目前没有开展而在将来会开展的环境活动进行规范，这样才能充分发挥环境的功能。

其次，环境准则是用来联系环境实践和理论研究的桥梁，它既是环境理论研究的成果，又是环境实践的直接指南，因此环境准则一定要具有可操作性。

最后，环境准则是业务扩展的结果，它是环境业务规范化、标准化的产物，环境准则应能够发挥推动环境行业发展的导向功能。在制定具体环境准则的时候，应为环境准则的发展留有余地。这样既可以合理保护企业人员的利益，又能够在新问题出现后及时采取措施。

五、强化环境信息披露制度设计

（一）完善环境监管制度体系

作为环境信息披露与融资约束的重要调节变量，环境监管对于促进企业实现环境保护目标、主动进行环境信息披露至关重要。环境监管作为推动国家环境治理体系和治理能力现代化的重要手段，在具体执行上可分为制度设计和监督执法两大类。在制度设计上，应当加强对企业环境治理、污染排放标准等方面的法律法规制定，生态环境部应联合中华人民共和国财政部、中国人民银行、中国银行保险监督管理委员会、中国证券监督管理委员会、国家税务总局，加快研究制定鼓励引导企业加强绿色供应链管理、清洁生产、污染物减排等措施的税收优惠、能源价格倾斜、政府采购、绿色信贷、绿色债权、绿色基金等激励政策，推动并引导企业走可持续发展、绿色发展道路。在监管执法上，对于违反环境保护法律法规的企业严格执法，及时将违法违规的企业名单通过政府网站、金融监管平台予以公布，提示投资者潜在的投资风险，发挥资本市场的鉴别功能，提高企业环境违法违规成本。同时，将违法违规的企业名单推送给经济部门，供其在执行相关优惠政策时参考，提高环境信息披露较差企业的融资成本。

在此过程中，尤其要重视证监会的作用。证券市场中企业的信息披露制度是企业为保障投资者的利益和接受社会公众的监督，而必须公开或公布有关经营、财务状况的信息和资料。

《上市公司信息披露管理办法》是证监会发布的关于我国企业信息披露管理的总括性规范，是企业实践信息披露的主要依据，社会公众和广大投资者也多参照该办法对企业的信息披露行为进行监督，做出正确的投资选择。

目前，证监会仅对年度报告及半年度报告格式准则进行了修改，明确了环境信息披露的披露要求，而在证监会关于信息披露的总括性规范——《上市公司信息披露管理办法》中，并没有关于环境信息披露的具体规定。这显然说明，目前我国企业的环境信息披露和证券市场传统的信息披露在制度上仍然被割裂开来，这也是一些企业没有认识到环境信息披露重要性的主要原因。有学者认为，在《上市公司信息披露管理办法》中补充关于环境信息披露的内容，是将环境信息披露相关制度与传统信息披露制度相统一，使证监会关于环境信息披露可以完整参照适用传统信息披露的监督管理、法律责任等，有利于我国环境信息披露制度的落实。

（二）构建跨部门联动助推机制

环境信息披露制度涉及环境信息披露指标设计、披露激励约束制度、环境会计准则修改制定、披露后的评估审计制度等，从职能上看，涉及生态环境主管部门、财政部门、税务部门、金融监管部门，非一家之长，需要联合推动、协调推进。建议生态环境主管部门制定出台环境信息披露规范，明确披露主体、内容、载体、格式、频次、奖惩措施、信息审计要求等，如对污染物排放的披露内容、格式，固体废物、危险废物处置方式、种类等环境信息做出披露规范。

引导市场主体积极通过企业环境治理和环境管理，达到环保合规要求和绿色金融要求，建立针对企业选择性披露行为的"防火墙"。建议财政部制定出台专门的环境会计准则，将可财务化表述的环境信息纳入规范的会计准则中，提升披露内容的可比性和规范性。建议证监会就上市公司环境信息披露的内容和格式做出详细规定的同时，不断提升环境信息披露的强制性程度和完整性要求。

为激励企业参与环境信息披露，各部门可联合出台相关的激励约束制度，从信贷、税收、采购、发债等政策上制定鼓励企业进行环境信息披露的政策。生态环境主管部门还应建立与其他部门的信息互通机制，将违反环境信息披露法律法规的企业名单向激励政策应用部门推送，其他部门则反馈对环境信息披露违法企业名单的应用情况，通过官方渠道向社会发布有关情况，引导企业做环境信息披露的典范。

（三）建立环境信息披露分级制度

由于社会分工随着社会进步逐渐独立化、专业化，企业的行业划分更加细致，上市公司所涉及的行业种类相较于以往也更加广泛。部分行业的企业因行业、自身经营活动性质相较于传统的工业企业，几乎不涉及对环境产生影响或对环境产生恶劣影响的可能性较小，如教育行业、批发零售业、文化体育娱乐业等。而传统的制造业、采矿业、电热水生产供应行业等由于自身生产经营活动涉及生产、加工，相较于其他企业更容易产生污染物，对环境产生恶劣影响的可能性较大。

由于各企业所处行业及生产经营活动对环境产生的影响不可等量齐观，强制一些几乎不涉及或很少对环境产生影响的公司花费大量的精力去进行与对环境产生较大影响的公司进行同等标准的环境信息披露，反而容易忽略实质，造成形式化的环境信息披露，更不符合证券市场的监管要求。因此，有学者认为，应当在强制所有企业进行强制性信息披露的基础上，建立环境信息披露分级制度。

有学者建议，证监会可以在发布企业行业分类结果的同时，评估相关行业对环境产生影响的大小，对相关行业企业环境影响进行分级。并且发布规范性文件，根据环境影响分级建立不同标准的环境信息披露制度。

将不涉及或较少涉及实体加工生产的行业的企业认定为对环境产生影响较小的企业，实行标准相对较低的环境信息披露制度，即披露内容涵盖日常经营活动产生的主要污染物和特征污染物、排放总量、排放标准、环境保护投入、环境检测结果等必要公司环境相关行为信息以及绿色投融资情况。对于传统制造业等对环境影响较大的公司，实行标准相对较大的环境信息披露制度，严格规定相关行业企业应当强制性披露的环境信息，全面涵盖企业生产加工过程中对环境可能产生的影响、环境保护处置行为以及绿色投融资情况。

（四）建立有毒化学物质排放清单制度

美国有毒化学物质排放清单制度，是指所有超过一定排放量且被列入排放有毒化学物质清单中的企业，必须向美国国家环境保护局提交年度报告，报告企业使用、储存、运输、处理有毒化学物质的数据，美国国家环境保护局在对这些数据进行收集、整理、升级之后建立电子数据库向公众公开。实践证明，TRI 制度对有害化学污染物排放控制以及重大化学事故防范的成效显著，更为环境管理决策和公众参与提供了支持。TRI 制度产生于重大化学品泄漏事故频发的背景下并通过立法不断得以完善。

在 1984 年印度博帕尔毒气泄漏事件以及之后的西弗吉尼亚联合碳化物公司事件的影响下，美国国会于 1986 年通过了《应急计划与社区知情权法》（the Emergency Planning and Community Right-to-know Act，EPCRA）。为强化公众对社区化学物质排放信息的知情，并通过信息公开让公众知晓社区的环境风险，EPCRA 第 13 节导入了有毒化学物质排放清单。自 1986 年导入有毒化学物质排放清单以来，以 EPCAR 为基础，国会以及美国国家环境保护局对有毒化学物质排放清单的扩展过程中，逐步形成了一个较为完整的规则体系，即有毒化学物质排放清单制度体系。

从 1994 年起，美国国家环境保护局为完善有毒化学物质排放清单，先后颁布了 12 个规章，分别就化学物质的增减、微量排放企业阈值选择、报告企业的增加、持久性生物累积性有毒污染物的报告要求、报告频率的减少等事项对有毒化学物质排放清单制度进行补充与完善。

在美国国家环境保护局每年发布的 TRI 报告中，对被管制企业按照其环境绩效的优劣排序，客观上激励了落后企业提高环境绩效。根据美国国家环境保护局发布的年度《TRI 国家分析报告》，自有毒化学物质排放清单制度实施以来，释放到空气中的化学物质的数量逐渐减少。据统计，2003—2012 年十年间污染物处置和排放量总体减少了 19%。同时，企业废物管理的效率在不断提升。

美国有毒化学物质排放清单制度的立法背景，归纳起来主要有三个方面：一是在工业生产中广泛使用化学品；二是环境灾难频发；三是行政管理体制在预防环境污染事件方面失效。比较当前我国的化学品环境管理现状，有学者认为，我国与美国设立有毒化学物质排放清单制度的背景完全契合，应当充分借鉴美国的先进立法经验，建立并完善符合我国国情的有毒化学物质排放清单制度。具体思路是，对我国已有的企业环境信息强制公开制度规定进行集中清理、补充与修正，建立统一的公开主体、公开内容、公开形式、公开法律责任等标准，出台"企业环境信息强制公开办法"。

企业环境信息强制公开制度的建立需要寻找企业的规则负担与公众环境知情权之间的利益均衡点。如果企业的规则负担过重，则不但无法实现公众的环境知情权，反而会拖垮企业，阻碍经济社会的发展。因此，我们在构建企业环境信息强制公开制度时，应当充分保障公众的环境知情权，同时也必须考虑企业的规则负担，审慎考虑纳入报告范围的企业与化学物质，要求大中型企业先公开那些毒性较强的化学物质，再随着经济发展水平的提高而不断扩大报告企业的范围，增减化学物质的数量。

企业环境信息强制公开制度的完善，需要理顺执法部门职权。明确环境保护部门的职责为收集信息、整理信息、发布信息，即所有报告企业将信息提交至环境保护部门，再由环境保护部门建立数据库进行统一发布。同时在立法过程中应当充分考虑企业、化学物质等报告要素的变化，赋予环境保护部门以一定的自由裁量权。例如，环境保护部门在一定条件下可以增减化学物质的数量，可以扩大报告企业的范围，提高或降低报告频率等，从而实现制度的自我修复。

企业环境信息强制公开制度的执行，需要引入公众的参与、监督。在企业环境信息强制公开制度的构建中，公众是最大的受益者。因此，应当充分发挥公众的参与作用，公众有权请求对企业范围、报告形式、化学物质范围进行修正；环境保护部门在对立法做出修正的时候，也应该充分尊重公众的意愿，听取公众的意见。另外，为了加大行政执法的力度，要引入环境公益诉讼机制，公众如果认为行政机关或者企业未履行信息公开的法定义务，有权向司法机关提起诉讼。

六、健全企业环境信息披露管理体系

（一）建立健全环境绩效管理制度

要提高企业环境信息披露质量，其前端还在于环境管理水平的提高，因此有必要引导企业建立健全环境绩效管理制度。

一是设立专门的环境管理部门。从企业的角度来看，有相当一部分企业设立了环境事务管理部门，但遗憾的是，不少企业为节约成本、便于管理，将该部门与安全管理部门合二为一，没有做到专人专管。因此，有必要设立专门的环境管理部门，如环境事务委员会，或至少安排专人负责该项事务，确保与环境保护有关的法律法规、政策措施在企业内得到有效的落实和推进，与环境信息披露有关的工作由专业人员负责持续跟进和对接。

二是建立绿色管理制度，多点发力提升企业的环境表现。建立绿色供应链制度、绿色采购制度、清洁生产制度、绿色发展研发投入制度、管理层薪酬与环境表现挂钩制度等，推动企业将环境管理放在环境信息披露的前端，将环境信息披露作为环境表现的全面总结。

（二）加强环境信息披露工作培训

鼓励企业研读国家关于环境信息披露的要求和规范，确保环境信息披露载体、表述、格式与国家有关要求一致，提高企业在环境信息披露方面的水平，以更加完整的、规范的、真实的信息呈现企业真实的环境管理能力和环境风险，提高企业的环境竞争力和市场认可度。

加强对企业管理层的环境信息收集、整理和分析等基础工作培训，吸引分析师的关注，促进企业价值评估，降低企业融资成本。

（三）强化以政府监管为主的监管机制

任何制度的构建如果没有监督合力，都无法完善。研究表明，完善的监管体系与企业环境信息披露质量是成正比的。

在我国，环境信息披露由于涉及环境保护的要求，同时要受环境保护部门的监管。与传统环境信息披露相比，现代环境信息披露的监管具有跨部门性，环境保护部门负责监管企业生产经营过程中的环境行为，证监会则负责对企业的环境信息披露行为进行监管。但由此产生的问题十分明显，目前我国生态环境保护部门和证监会对企业环境信息披露的监管之间没有形成配合机制，仍各自为营。

有学者认为，在主管两部门之间应当建立通力配合、信息共享、协同工作的机制。环境保护部门和证监会对于环境信息披露应互相配合，发挥各部门的优势，减少重复工作，提高监管效率。证监会主要负责监管企业环境信息披露的完整性、是否出现误导性陈述及重大遗漏等。环保部门主要负责审查企业环境信息披露的真实性及实用性。两部门在对企业环境信息披露行为进行监管时可以建立信息共享系统，从对方已收集的信息中提取协助己方查证监管的相关信息，以此来加强联合监管。

除环保部门和证监会的一般监管外，还可以在环保督查中加入企业环境信息披露督查内容，避免地方环境保护部门执法不严现象的产生。目前我国开展了几轮环境保护督查工作，在环保督查的高压态势下，一些企业的环境问题无处遁形。我国目前环境保护督查内容主要集中在企业"散乱污"情况、超标排放情况、防污设施的安装及运行、自助检测真实情况等方面。在环境保护督查的重点督查内容中增加企业环境信息披露情况，能通过督查得到的企业真实环境信息判断企业披露环境信息的全面性及真实情况，进一步推动对企业环境信息披露的监督管理。

（四）建立第三方监管核查辅助模式

根据日本、澳大利亚等国家企业环境信息披露制度的实施经验可以发现，第三方机构认证在国外的企业环境信息披露制度中普遍施行，并充分地发挥着制度优越性。第三方监管主要是指证券中介服务机构，其中包括证券交易所、从事证券业务的律所、会计师事务所等的监管。

我国有上海、深圳两个证券交易所组织和监督证券交易。证券交易所是实行自律管理的法人，对于企业信息披露的监管处于除政府部门监管外的一线地位，负责监督企业依法、准确、持续性信息披露。根据《股票发行与交易管理暂行条例》的规定，企业发布招股说明书、上市公告书定期报告和临时报告时，都须由注册会计师出具审计意见。

企业在申请上市时需由律师事务所出具《律师工作报告》等法律文书，对申请公开发行股票的有关法律文件的合法性进行说明。实践证明，在企业申请公开发行股票时披露的经第三方机构鉴证、审核过的信息更具有全面性和可靠性。

目前我国政府监管部门还未意识到在企业环境信息披露监管中，第三方机构同样能够发挥积极的辅助作用。建立以政府监督为主、以第三方机构监督为辅的环境信息披露监督制度，能够在一定程度上减轻环境保护部门及证监会的监管负担。第三方机构通过对企业环境行为的尽职调查，能够全面收集企业的环境信息，监督企业环境信息披露工作。企业通过第三方机构审查核实过的环境信息，其真实性也更易获得社会公众的认同。引入第三方机构对企业披露环境信息行为进行监督，能够有效避免企业选择性披露、美化公司环境行为、隐藏负面环境信息的情况，减少依赖企业环境信息做出决策的投资者及利益相关者的困扰。

我国环境信息披露制度可以从以下几个方面完善第三方机构的辅助监管：第一，将专门从事环境相关工作的企事业单位（包括环保职业团体等）纳入第三方机构的范围；第二，要求企业在进行定期及临时信息披露的同时，提供第三方认证机构出具的关于企业环境信息的审查报告；第三，明确第三方机构的职责，制定第三方机构"从事环境信息披露审查工作细则与管理办法"。

七、完善环境与可持续发展披露体系

结合实证结果，即股权性质能够对环境信息披露质量和企业价值之间的正向关系起到促进作用可知，国家环境保护政策和环境信息披露指引对资源型国有企业乃至行业的价值提升至关重要。

在 2002 年、2006 年和 2011 年国务院先后召开的第五次、第六次和第七次全国环境保护大会中，把主要污染物减排作为经济社会发展的约束性指标，政府在环境法律法规和经济政策的指导下，充分发挥环境监管职能，进一步加强对污染物的防治。可见，加强环境保护法制建设，做到有法可依，是实现环境与可持续发展的第一步。

随着环境保护法制建设的逐步推进和政府监管职能的充分发挥，环境信息披露体系已初步建成，并于实践中摸索前进。根据现有研究对环境信息披露和企业价值之间关系的判断不难看出，环境信息披露的环境效益和经济效益已经初显成效。政府在未来应结合地域特征和企业活动判断环境与经济的发展方向，将现有环境信息披露体系与企业发展相结合，进一步完善环境信息披露体系。

但是对于环境与可持续发展这一专项内容的披露，我国还没有明确做出披露指引。由于环境与可持续发展披露是基于我国环境与可持续发展战略，对企业过去、现在、未来的环境绩效、环境管理和环境发展做出的报告，中国也应借鉴《可持续发展报告指南》已经取得的成效，根据国情制定属于本国的环境与可持续发展披露指南，对披露企业、披露事项和披露标准做出规定，为中国企业环境与可持续发展披露提供指导。将与环境发展建设相关的研发投入、成本费用和负债融资等纳入环境与可持续发展报告体系中，直观反映企业在环境建设中取得的成绩和付出的经济成本，使得报告使用者能够对企业价值做出全面和正确的判断，提高企业应规披露和自愿披露的积极性。

八、科学引导国有资本投资

政府仅通过外部监管向企业施加环境建设压力是不够的，相关研究在国有资本投资对企业环境信息披露的正向影响方面普遍持肯定态度。结合相关的研究结论，即国有企业性质对环境信息披露质量和企业价值之间的关系起到促进作用可知，政府可以通过国有资本投资参与企业的日常经营活动，从内部环保规范建设开始影响国有企业和接受国有资本投资企业的社会责任观，最后推动整个行业的环境信息披露建设。深化投资体制改革，以国家政策和方针为指导，科学引导国有资本投资，使得政府干预对环境与可持续发展建设有所作为。

第二节　企业层面

一、完善公司治理结构

（一）完善企业环境内部控制规范体系

内部控制制度是指企业的各级管理层为了保护其经济资源的安全、完整，确保经济和会计信息的正确可靠，协调经济行为，控制经济活动，利用单位内部分工而产生相互制约的、相互联系的关系，形成一系列具有控制职能的方法、措施、程序，并予以规范化、系统化，使之成为一个严密的、较为完整的体系。企业建立环境内部控制制度要对企业的有关环境行为进行控制和评价，并设置相应的制度。其最根本的目标是维护企业的合法权益和财产，环境信息有关数据的正确性、可靠性将提高企业的经营效率。企业的环境保护理念是否确立，目标是否明确，分工是否合理，都构成了环境内部控制制度的关键。

为了加强和规范企业内部控制，提高企业的经营管理水平和风险防范能力，促进企业可持续发展，维护社会主义市场经济秩序和社会公众利益，根据国家有关法律法规，2008 年 5 月 22 日，财政部会同证监会、审计署、银监会、保监会制定了《企业内部控制基本规范》。2010 年 4 月 26 日，财政部、证监会、审计署、银监会、保监会联合发布了《企业内部控制配套指引》。该配套指引连同《企业内部控制基本规范》，标志着适应我国企业实际情况、融合国际先进经验的中国企业内部控制规范体系基本建成。2012 年，财政部、证监会发布的《关于 2012 年主板上市公司分类分批实施企业内部控制规范体系的通知》要求，境内外同时上市公司、中央和地方国有控股主板上市公司以及非国有控股主板上市公司且于 2011 年 12 月 31 日公司总市值（证监会算法）在 50 亿元以上，同时 2009 年至 2011 年平均净利润在 3000 万元以上的，应在披露 2013 年公司年报的同时，披露董事会对公司内部控制的自我评价报告以及注册会计师出具的财务报告内部控制审计报告。

根据《我国上市公司 2014 年实施企业内部控制规范体系情况分析报告》，2014 年，2571 家上市公司披露了内部控制评价报告，占全部上市公司的 98.39%。与 2013 年相比，披露数量增加了 259 家，披露比例提高 5.5%。2014 年，在 2571 家披露了内部控制评价报告的上市公司中，2538 家内部控制评价结论为整体有效，占披露了内部控制评价报告上市公司的 98.72%，33 家内部控制评价结论为非整体有效，占披露了内部控制评价报告上市公司的 1.28%。与以前年度相比，内部控制评价报告格式的规范性显著提高，内部控制评价报告披露的内容更加全面、准确，披露质量逐年提高。

　　总体来看，企业内部控制规范体系自发布以来，实施范围不断扩大，实施效果逐年显现，有效提升了企业的经营管理水平及风险防范能力和应对能力，有力保护了投资者的权益和公众利益。

　　企业应当以内部控制评价为核心，在内部控制环境、控制程序、会计系统方面，企业应该制定专门的程序，事先评估环境事项中的风险等，整合财务监督、法律合规、内部审计、纪检监察等职能的全方位的、多层次的监督体系，形成监管合力，并将内控评价结果纳入绩效考评体系，建立内控责任追究制度，最大化地发挥内部控制的监督作用。此外，企业还可以建立环境风险控制及应急机制，以应对由环保引起的突发事件，增强公司的环境风险控制能力。

（二）赋予独立董事环境信息监督职能

　　独立董事制度在以美国为首的一些西方国家被证明是一种行之有效，并被广泛采用的制度，是上市公司完善治理结构的必要条件。一般而言，独立董事制度有利于改进公司治理结构，提高公司治理效率，有利于加强公司的专业化运作，提高董事会决策的科学性，有利于强化董事会的制衡机制，保护中小投资者的利益，有利于提高上市公司信息披露的透明程度，督促上市公司规范运作。

　　大体而言，独立董事应当既具备普通董事的任职资格，也应当同时具备其他特殊资格。所以，应当将环境信息监督的职能由独立董事担当，使得上市公司环境信息披露环节行之有效，彻底改善由管理层一手操纵的嫌疑，使得环境监管成为上市公司进行公司治理的核心，充分发挥环境信息披露的作用，体现环境信息披露的意义。

（三）提高企业环境信息披露的主动性

　　一方面，政府要加大环境保护的宣传力度，加强对企业社会责任的培训，增强企业的环境保护意识，促使企业在关注经济利益的同时更加关注社会环境，提高企业披露环境信息的自愿性。政府还可以运用行政资源采用教育宣传方式，增强公众的自我环境保护意识，加强对企业社会责任和环境信息披露的监督，形成企业进行环境信息披露的外部压力。

另一方面，政府可以设置环境信息披露奖惩制度，提高企业披露的自愿性。例如，税收优惠政策，环境保护基金，政府给予的环保补贴、排污费、环境污染的罚款等，这些奖惩制度对提高企业环境保护意识、加强对环境问题的重视、增加对环境公益的投入等都起到了积极的推动作用。

所以，为了进一步确保企业环境信息披露自愿性的提高，我国应该实行环境信息披露的奖惩制度。我们可以借鉴外国成功的经验，如澳大利亚的"会计年报奖"的评定、日本设置的一年一度的"环境报告书奖"、英国职业会计师协会设置的"环境报告书奖"，都将环境信息披露放在了一个优先考虑的位置。

二、培育环保责任的企业文化

企业文化是一个企业发展的重要基础，只有在企业内部形成环保观念，才能从根本上树立企业履行环境保护社会责任的意识，才能落实环保义务。

培养环保责任的企业文化可以从以下两个方面进行：一方面，应当从公司高层着手，管理层是一个公司发展的指挥部，只有使环保意识深入管理层的行为模式中，才能将环保责任更全面深刻地纳入企业文化中；另一方面，应当定期举办员工培训活动，将环境保护观念渗透入企业的各个部门中，使环境保护观念成为企业员工日常接触的观念，如此才能培养企业的环境保护意识。

另外，企业还可以通过举办行业内环保知识竞赛、环保技术研讨会等活动，使环保观念在行业内蔚然成风。

三、发挥企业自身环境信息披露优势

企业提高环境信息披露质量的方式多种多样，只有利用自身优势发挥自身环境信息披露优势，才可以帮助企业在同行业众多企业中脱颖而出，吸引利益相关者，提高企业绩效进而提高企业价值。例如，企业可以请第三方鉴证机构对企业环境保护社会责任履行情况进行审查，进而加大环境报告的可靠性，降低与外部投资者之间的信息不对称程度，赢得利益相关者的信任，从而实现不断优化自身、提高企业价值的目的。

四、提高环境与可持续发展披露质量

结合相关实证结果，即环境与可持续发展披露能够提高企业价值，因此鼓励上市公司在环境报告内容中增加对环境与可持续发展的披露，并尽量参照《可持续发展报告指南》中披露环境与可持续发展信息的规定，从经济、环境和社会三个角度报告企业对循环经济的建设。环境与可持续发展披露与传统的环境信息报告不同，不仅反映过去和现在的环境绩效，还可以在预防市场变化和发生突发状况时对风险事项提前做出管理和报告，缓解利益相关者在企业所处环境或自身经营状况发生波动时的紧张情绪。高质量的环境与可持续发展披露建立在企业具有完备环境管理机制的基础上，上市公司应从以下几个方面为环境与可持续发展披露做准备。

首先，从生产经营的角度来看，企业开发资源、生产产品和废料处理等一系列活动均要严格符合国家和地方的环境保护政策，从节约资源、高效利用、循环再生和污染处理等方面实现环境保护的目的，在市场竞争中取得技术优势。同时，为企业长久的节约环境资源生产成本打下基础，为未来收入稳定且持续增长提供保障，实现企业环境与经济可持续发展建设。

其次，从财务管理的角度来看，提前为生产经营所需的大型环保设备或为提高效能改良生产线等做好预算，协同各部门准确估计设备未来分摊年限内的平均产值，形成环境投资、环境成本和环境绩效三者间的可持续增长。另外，结合我国提出的自然资源有偿使用制度，严格控制生产成本，有利于减少资源的浪费，在市场竞争中拥有价格优势，保证利润的良性增加，为进一步实现环境与可持续发展建设提供保障和动力。

最后，从管理者的角度来看，由于《可持续发展报告指南》并不是强制要求，我国对于环境与可持续发展披露体系的建设还处在摸索完善阶段。因此，一个企业的环境与可持续发展报告质量离不开管理者的环境保护意识。管理者作为企业运行的"大脑"，为保证企业长久健康地成长，应当顺应世界和国家的环境保护趋势，以此为借鉴选择企业未来的发展方向。可以通过企业文化培训增强职工的环境保护与节能意识，形成人员意识优势，有利于企业在环境保护建设中的表现优于竞争对手，以实现农林等资源开发、企业良性竞争的效果。

综上所述，披露环境与可持续发展信息并参照《可持续发展报告指南》的规定提高披露质量，在报告中事前预测企业未来环境保护绩效、事中强调企业管理情况和事后反映企业生产成果，全方位表达企业要持续开展环境保护建设和保障利益相关者利益的决心。此外，现有环境与可持续发展披露大多散落在企业年度报告中或包含在社会责任报告中，较少以单独的报告形式呈现。对此，建议企业今后能够形成独立的环境与可持续发展报告或标题，以提高信息的使用效率。

五、发挥环境报告优势

企业的大部分活动是围绕获取利益进行的，披露环境信息只是手段，如何最大限度地发挥环境与可持续发展报告的优势，使其增加企业价值才是最终目的。根据现有研究结论，无论是环境信息披露、企业社会责任披露，还是进阶后的环境与可持续发展披露，都具有自愿性披露以及可选择性披露的特点。借助人们往往对社会性或公益性活动产生好感的心理，企业自发的信息披露使得其更容易获得公众的认同。因此，针对如何解决环境信息披露质量较低的问题，尽可能地发挥环境报告的优势，给出以下几个方面的建议。

第一，环境报告特征化。不同企业的生产经营业务不同，环境开发程度、资源种类和数量的使用情况以及污染处理方法均不同，为了能更好地披露企业环境信息，环境报告或环境与可持续发展报告在满足企业之间报告可比性的前提下，也应当具有特征化的表述，增强报告与本企业环境情况的相关性和报告反映环境绩效的可靠性。

第二，环境报告目标化。明确环境报告的使用者、股东、债权人、职工和供应商等往往希望企业的生产经营是稳定且持续的，他们更关心企业未来的存续和发展状况。因此，环境与可持续发展报告中对资源可再生或加强资源循环利用等内容的披露更容易得到这些利益相关者的关注。政府和社会公众一般会从社会利益的角度出发，希望企业的经营是合法合规的，是不损害公共利益的。因此，他们希望企业在环境报告中披露有关环境资源的合法开发、有偿使用和污染物的合规处理等内容。针对不同报告使用者关注角度的不同，确定环境报告的内容，使得环境报告目标化，有助于提高使用者对企业报告质量的判断和对未来企业价值可持续提升的信赖程度。

第三，环境报告合规化。对利益相关者来说，具有权威性的外部独立机构审查往往具有很强的说服力，这源于人们对专业性和独立性的信服。第三方企业社会责任评价机构和环境保护责任评价机构的打分，或企业接受环境影响评价工程师的专业评价和事务所审计等，均是对其环境报告内容真实性的证明和对报告可借鉴意义的说明，可以增强环境报告的说服力。

综上所述，环境与可持续发展是资源开发与制造行业上市公司得以存续的基础，较好的环境与可持续发展披露能够对企业价值起到促进作用，高质量的环境信息披露是环境报告能够正向影响企业价值的前提。为了发挥环境信息披露的优势，企业从内部考虑披露内容时，应注重报告对企业特征的反映；从外部考虑披露信息时，需要让环境信息披露的内容符合利益相关者的意愿，并接受独立第三方审查来提高报告的可信度。

第三节　社会层面

一、意识角度

（一）强化环保意识教育

加强环保宣传，将环境保护教育作为全民素质教育的重要组成部分，使环保思想被全体社会成员理解、接受，并付诸行动，就会产生巨大的合力，推动经济的可持续发展。

提升人们的环保意识，其中教育是一种很有效的方法。西方发达国家在环境教育方面积累了许多成功经验，包括完善的环境教育保障制度、形式多样的社会实践活动、学校—社区相结合的环境教育模式等。

环境教育工作的正常开展离不开政策、法律制度的保障，完善的环境教育保障制度将会有力推动环境教育事业的发展。美国在环境教育立法和执法方面是值得我们借鉴的。1990年，美国颁布实施了《美国国家环境教育法》，全面规范了美国公众环境教育的机构队伍建设、经费投入与奖励，对提高美国公民环境道德水准、促进经济社会协调发展发挥了重要作用。西方发达国家的环境教育资源主要来源于政府拨款、社会捐款和环境教育奖金。例如，美国节约能源联盟设置了"地球苹果奖"来奖励成绩突出的绿色学校。瑞典政府出台的《绿色学校奖法令》中规定对那些在环境领域做出突出贡献的学校将授予绿色学校奖，有助于提高学校创建绿色学校的积极性。

我国可以借鉴西方发达国家的成功经验，制定环境教育法。只有把环境教育写入法律，才能使环境教育摆脱纯粹政策呼吁的现象，才能从根本上促使公众尊重自然、保护环境，使人们的行为符合环境教育法的规定。因此，我国政府应当尽快制定环境教育法来提升环境教育的法律地位，让环境教育有法可循。

此外，我国还可以在中小学设置环保常识课程。学校也可以结合植树节、地球日、世界环境日开展一系列的绿色环保活动，让学生深刻意识到保护环境的重要性和迫切性。学校还可以通过环境保护知识讲座、各班开展的护绿活动、环境保护黑板报等活动，使学生明白保持环境整洁、维护生态环境平衡人人有责，并使学生逐步养成保护环境的良好习惯。

学校与社区相结合，强化学生的环保意识教育也是在教育过程中进行探索的一种有效方式。学生回到社区，回到家里，引导其将在学校学到的知识在实际生活中加以运用。学校可与辖区内各社区建立共建网络，利用社区资源，既加大了对学生的教育力度，也帮助培养社区居民的环境保护责任感，促进社区居民的环境与可持续发展意识的提高和环境行为的养成。

随着公众环保意识的提高，企业环境信息披露的价值会逐渐被人们发现，企业也会乐于对外披露环境信息。

（二）培养环境信息关注意识

证券监管部门应当在企业上市、发行新股等融资活动前加强环境信息提示，引导投资者将企业环境信息纳入投资决策的考虑范围。在进行投资决策前，除了关注企业财务信息外，加强对企业环境信息披露内容及质量的关注，考察企业经营业绩以外的稳定性和环境保护责任履行情况，做出符合美好生态环境需求、符合良好生态环境质量需求、符合中长期获益目标的投资决策，避免或减少因企业出现环境问题、环境事故而投资受损的情况。

（三）加强对从业人员的教育与培训

我国环境方面从业人员和人才储备不足，缺少相应的合格环境方面的从业人员是我国上市公司环境信息披露质量不高的因素之一。解决之道一方面是从业人员要具备与环境相关的法律法规及理论知识；另一方面是从业人员要具有高度的环保意识。要培养这方面的人才，可以通过企业培训和大学教育等途径加以解决。

同时，注重企业培训与教育教学之间的有效结合，让理论和实务相结合。为我国企业环境信息披露工作培养专业人才，促进我国上市公司环境信息披露工作的更好开展。

二、投资者角度

银行等金融机构的贷款不仅是企业持有现金流量的重要保障，还可以借此提高其信用等级，降低经营风险，有利于企业的长期存续。以经济效益和偿债能力为导向的贷款政策致使企业忽视了环境因素的重要作用，因此银行等金融机构应该将环境信息披露纳入征信评价体系，摒弃"经济第一"的片面理念，强调经济与环境的和谐共赢。

一方面，投资者应该增强环境保护意识，对企业的年度财务报告、社会责任报告、可持续发展报告、新闻媒体等环境信息披露的主要平台给予重视，将其环境表现作为评价的重要指标，全面评估企业的综合发展能力，以期达到降低投资风险和提高收益的目的。

另一方面，投资者应该按照企业对环境的预防治理程度，将企业划分为不同的等级，按照"多率多惠"的原则，对环境表现优良的企业给予利率优惠，降低其融资成本；对于对环境污染较多又不主动治理的企业提高贷款利率，增加其融资成本。

三、公众参与角度

人是社会系统中的重要组成部分，人的生存与发展都要依赖环境，对环境的重视就是对未来的重视，环境信息是联系公众和企业的纽带，只有充分了解企业的经营运作，才能真正参与决策，为解决环境污染问题建言献策。因此，社会公众应该树立"主人翁"精神，提高对企业环境信息披露的参与度。

第一，公众应该转变消费观念，在购买产品时将环保作为其消费行为的重要因素，青睐绿色产品，提升环保产品的竞争力，引导企业使用清洁能源生产环保型产品。

第二，应切实发挥公众对企业环境信息公开的监督作用，利用相关政策提供的便利，关注企业所披露的环境信息，在知情的情况下努力参与和自身利益相关的环境建设活动，对不符合环境规范的企业进行检举，为构建公众文明、企业开明的社会生态贡献力量。

第三，应积极设立环境信息监督举报平台，便于公众反馈企业在环境信息披露方面的弄虚作假行为，弥补政府在环境信息披露监管方面的不足。利益相关者应当主动担当起环境信息应用者的角色，观察并监督企业履行好对公众的信息披露责任。对于企业"应披而未披"、虚假披露、不规范披露等情况，通过政府部门公开的官方渠道进行反馈，监督企业进行完整的、真实的、准确的环境信息披露，并通过媒体或互联网维护自身的环境信息知情权，向企业施加舆论压力，督促企业提高环境信息披露的透明度。环境保护公益组织也应加大对企业环境信息披露的监督力度，联合媒体等社会力量影响企业的环境信息披露。

银行、证券等金融机构应当积极履行发展绿色金融的责任，在对企业进行信贷、发债审核时，将企业环境信息披露质量和内容作为审核依据，将企业环境表现列为企业稳定经营的重要指标，促使企业进行环境治理和信息披露。

目前，我国媒体对企业环境表现的关注较多，对环境信息披露情况的关注较少，关于企业环境信息披露质量的负面报道也较少，应当加强正面舆论引导，形成对企业强制性披露施加的压力。从本质上讲，媒体的舆论监督就是运用新闻报道形式，通过在新闻媒体上公开曝光的途径，对整个社会的不良言行进行监督。弘扬绿色文明，倡导绿色观念，确立绿色伦理，已经成为一项艰巨的文化工程，大众传媒在参与这项工程中应该扮演非常重要的角色。环境新闻可以启发人们的参与意识，可以弘扬生态文明，引导绿色生活方式。

大众传媒在环境保护方面应该充当播种机、催化剂和先锋队的角色。首先，大众传媒应该是绿色理念的播种机。人类早已经意识到我们只有一个地球，只有一个家园，所以，学会明智地管理地球已成为一项紧迫的任务，人类必须担负起充当地球管理员的责任。大众传媒应该尽量多地向广大受众传播绿色资讯，普及环保知识，让可持续发展的理念深入人心，形成共识。其次，大众传媒要扮演好催化剂的角色。保护环境，实施可持续发展，不仅需要制度上、政策上的保证和法律的约束，更需要大众传媒运用环境道德的规范和原则来引导人们的行为，以人类发自内心的自觉意识来保证人与环境的协调发展。大众传媒要善于扮演催化剂的角色，催促和唤醒一般民众的环保意识，发挥舆论的监督和导向作用，引导公众积极参与环境保护活动。大众传媒不仅要监督和曝光破坏生态环境的违法行为，还要善于向受众传达对生命和自然的敬畏以及对环境危机的忧虑，从而激发人们保护环境的责任感和使命感。最后，大众传媒要做环境保护的先锋队。环境宣传只有与保护环境的具体行动结合起来，才能达到真正的效果。因此，大众传媒应该率先垂范，实践绿色行动宣言。同时，让百姓直接参与环保，为保护环境献言献策等，让公众在这些环保活动中加深对保护环境的认识，提高保护环境的自觉性。

此外，高等院校、科研院所应加强对企业环境信息披露数量和质量的统计研究，及时发布统计分析结果，对企业依法依规披露施加舆论压力，营造依法履行环境保护责任、自觉披露环境信息的良好氛围。

参考文献

［1］支晓强. 企业融投资行为、信息披露与资本成本［M］. 大连：东北财经大学出版社，2012.

［2］郭媛媛. 公开与透明：国有大企业信息披露制度研究［M］. 北京：经济管理出版社，2012.

［3］许江波. 基于风险预警的企业内部控制缺陷信息披露研究［M］. 北京：经济科学出版社，2015.

［4］章金霞. 企业碳信息披露实证研究［M］. 北京：经济科学出版社，2017.

［5］曾赛星，孟晓华，邹海亮. 企业绿色管理及其效应：基于环境信息披露视角［M］. 北京：科学出版社，2017.

［6］张静. 企业社会责任、信息披露与企业财务绩效研究［M］. 北京：中国财政经济出版社，2017.

［7］齐丽云，郭亚楠. 战略视角下的企业社会责任信息披露研究［M］. 北京：科学出版社，2017.

［8］吴丹红. 制度视角下的企业社会责任信息披露特征及效率研究［M］. 北京：中国财政经济出版社，2018.

［9］舒利敏. 绿色金融政策、环境信息披露与企业融资：基于重污染行业上市公司的经验证据［M］. 北京：经济科学出版社，2019.

［10］武剑锋. 企业环境信息披露的动机及其经济后果研究［M］. 北京：经济管理出版社，2019.

［11］杜剑. 大数据背景下贵州省企业环境保护责任信息披露［M］. 北京：科学出版社，2019.

［12］刘洪海. 社会责任视角下的企业环境信息披露机制研究［J］. 商业经济研究，

2017（21）：111-113.

［13］常媛，熊雅婷.基于价值链的企业环境信息披露应用探讨［J］.财会通讯，
2017（16）：12-15.

［14］龚春燕，申斌.环境会计信息披露与企业价值的相关性研究［J］.魅力中国，
2017（7）：265.

［15］任力，洪喆.环境信息披露对企业价值的影响研究［J］.经济管理，
2017，39（3）：34-47.

［16］王素娟.环境信息质量与企业价值相关性研究［J］.财会通讯，2018（33）：
34-39.

［17］韩连华.价值链视角下企业环境信息披露的现状与思考［J］.知识经济，
2019（11）：22-23.

［18］吕备，李亚男.从系统管理视角看环境信息披露与企业价值的关系［J］.
系统科学学报，2020，28（2）：123-128.

［19］王红梅，李宏伟.企业环境信息披露、利益相关者诉求与政府监管［J］.
商丘师范学院学报，2020，36（10）：79-84.

［20］束颖，徐光华.企业环境信息披露的"前因"及"后果"［J］.商业会计，
2020（16）：18-21.